全国职业院校机械类专业通用教材

车工技能训练图册（第二版）

崔兆华　主编

中国劳动社会保障出版社

简介

本图册分为基本技能篇、综合技能篇、鉴定考核篇三部分，涵盖国家职业技能标准《车工（2018 年版）》中的技能要求，图例丰富多样，贴近生产实际，内容循序渐进，在教学上具有良好的操作性。

本图册既可作为相关技能训练教材的配套用书，也可作为培训教材单独使用。

本图册由崔兆华任主编，韩鸿鸾、王文显、蒋自强、高振雷、王华参加编写，王希波任主审。

图书在版编目（CIP）数据

车工技能训练图册 / 崔兆华主编. --2 版. -- 北京：中国劳动社会保障出版社，2020
全国职业院校机械类专业通用教材
ISBN 978-7-5167-4713-1

Ⅰ. ①车… Ⅱ. ①崔… Ⅲ. ①车削－职业教育－教材 Ⅳ. ①TG510.6

中国版本图书馆 CIP 数据核字（2020）第 214904 号

中国劳动社会保障出版社出版发行
（北京市惠新东街 1 号 邮政编码：100029）
*
三河市潮河印业有限公司印刷装订 新华书店经销
787 毫米 ×1092 毫米 16 开本 6.75 印张 141 千字
2020 年 12 月第 2 版 2025 年 12 月第 3 次印刷
定价：14.00 元

营销中心电话：400-606-6496
出版社网址：http://www.class.com.cn
http://jg.class.com.cn

目　录

一、车端面、外圆柱面和倒角（一）

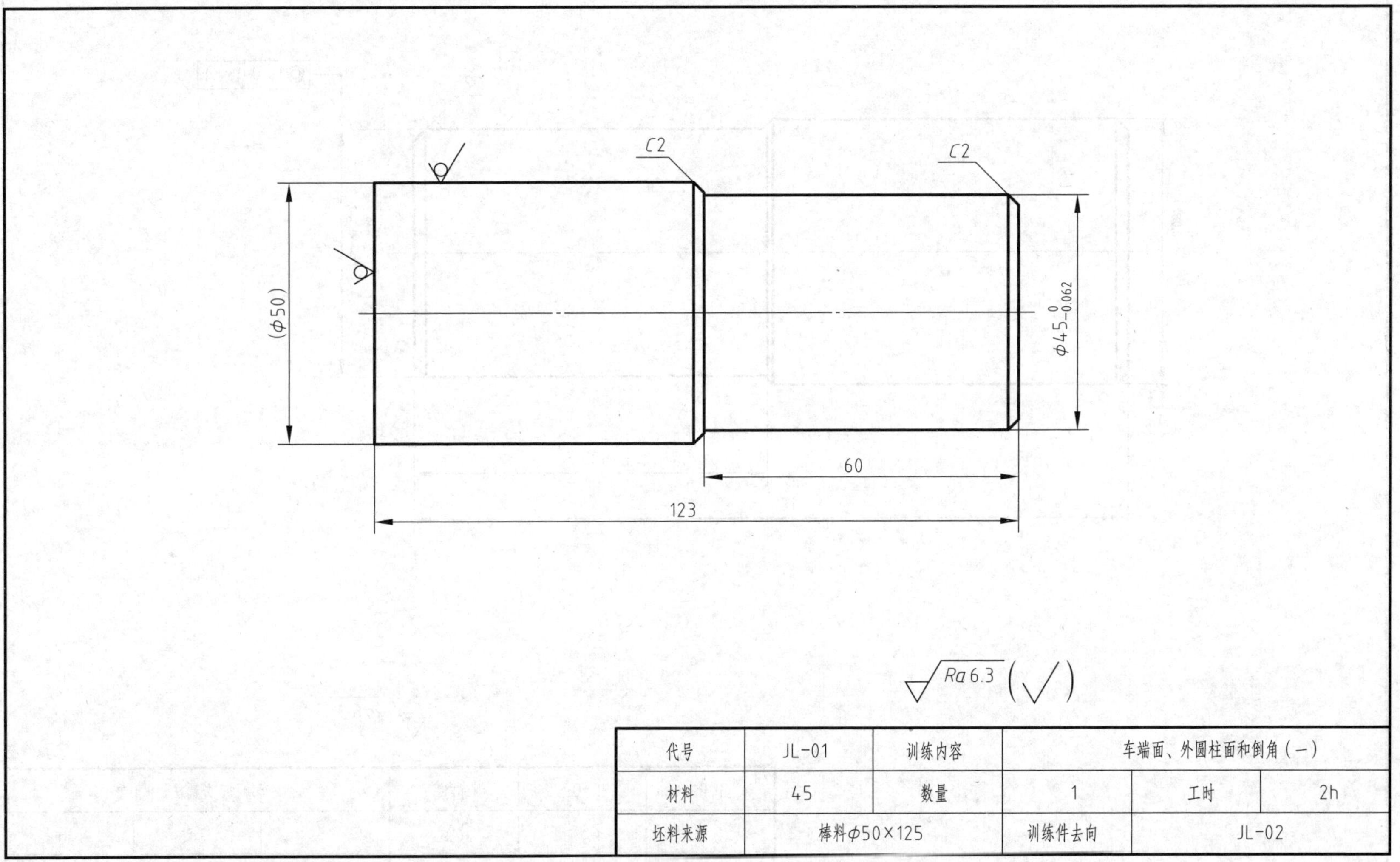

代号	JL-01	训练内容	车端面、外圆柱面和倒角（一）		
材料	45	数量	1	工时	2h
坯料来源	棒料ϕ50×125		训练件去向	JL-02	

注：基本技能训练图样标注了每次加工尺寸和表面质量要求，图样中括号内的尺寸为不加工轮廓尺寸。

二、车端面、外圆柱面和倒角（二）

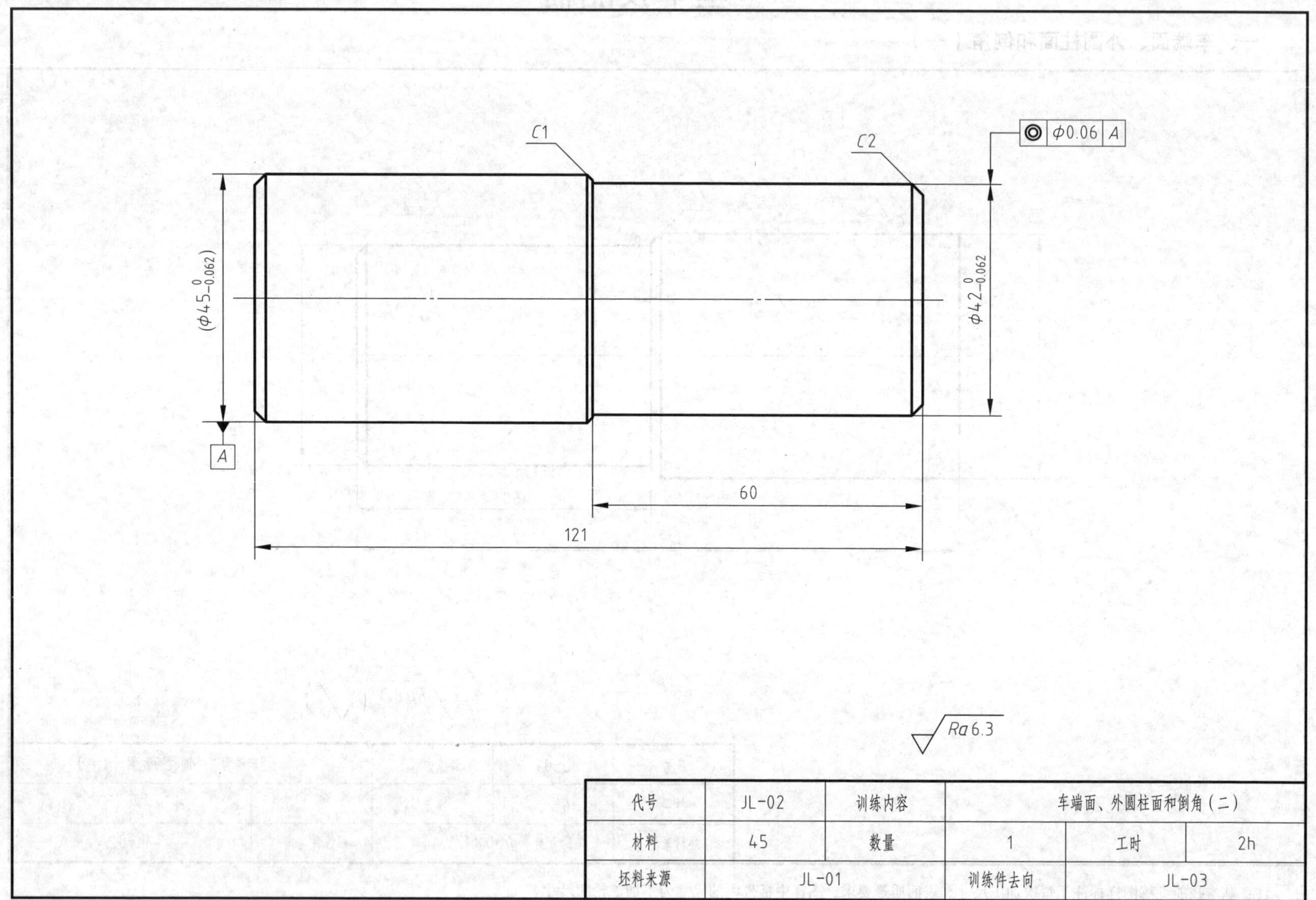

代号	JL-02	训练内容	车端面、外圆柱面和倒角（二）		
材料	45	数量	1	工时	2h
坯料来源	JL-01		训练件去向	JL-03	

三、车端面、外圆柱面和倒角（三）

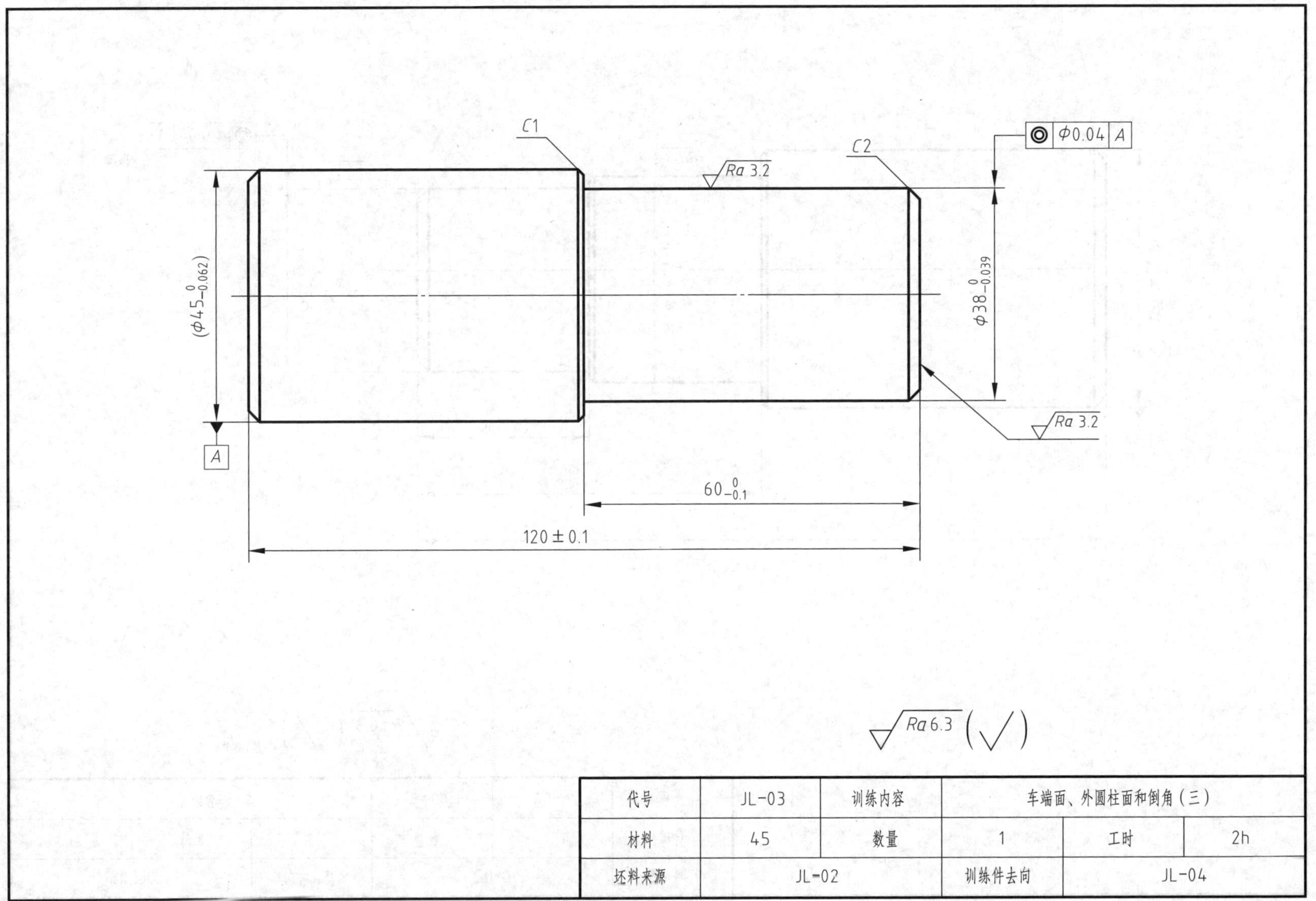

代号	JL-03	训练内容	车端面、外圆柱面和倒角（三）		
材料	45	数量	1	工时	2h
坯料来源	JL-02		训练件去向	JL-04	

四、车台阶（一）

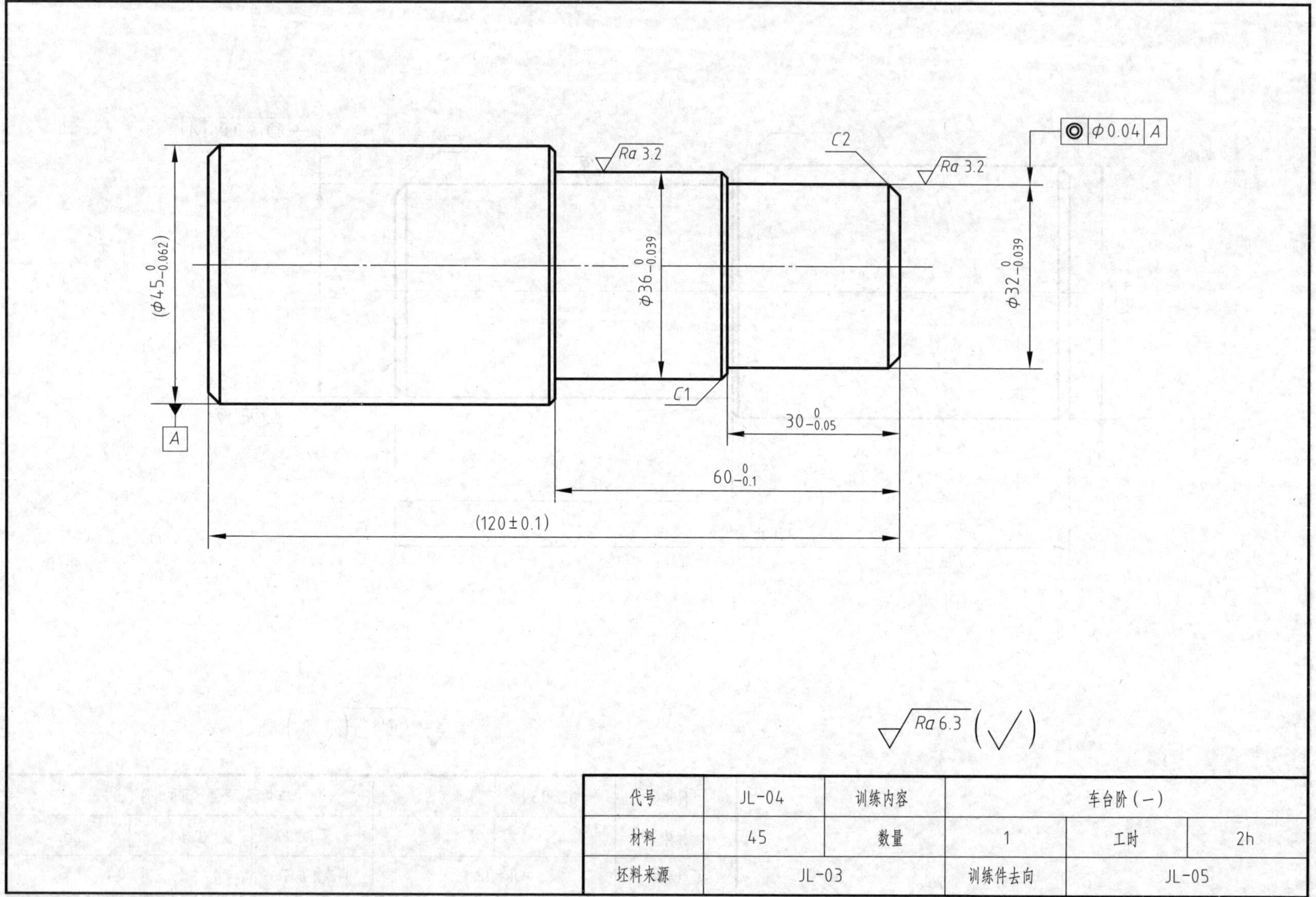

代号	JL-04	训练内容	车台阶（一）		
材料	45	数量	1	工时	2h
坯料来源	JL-03		训练件去向	JL-05	

五、车台阶（二）

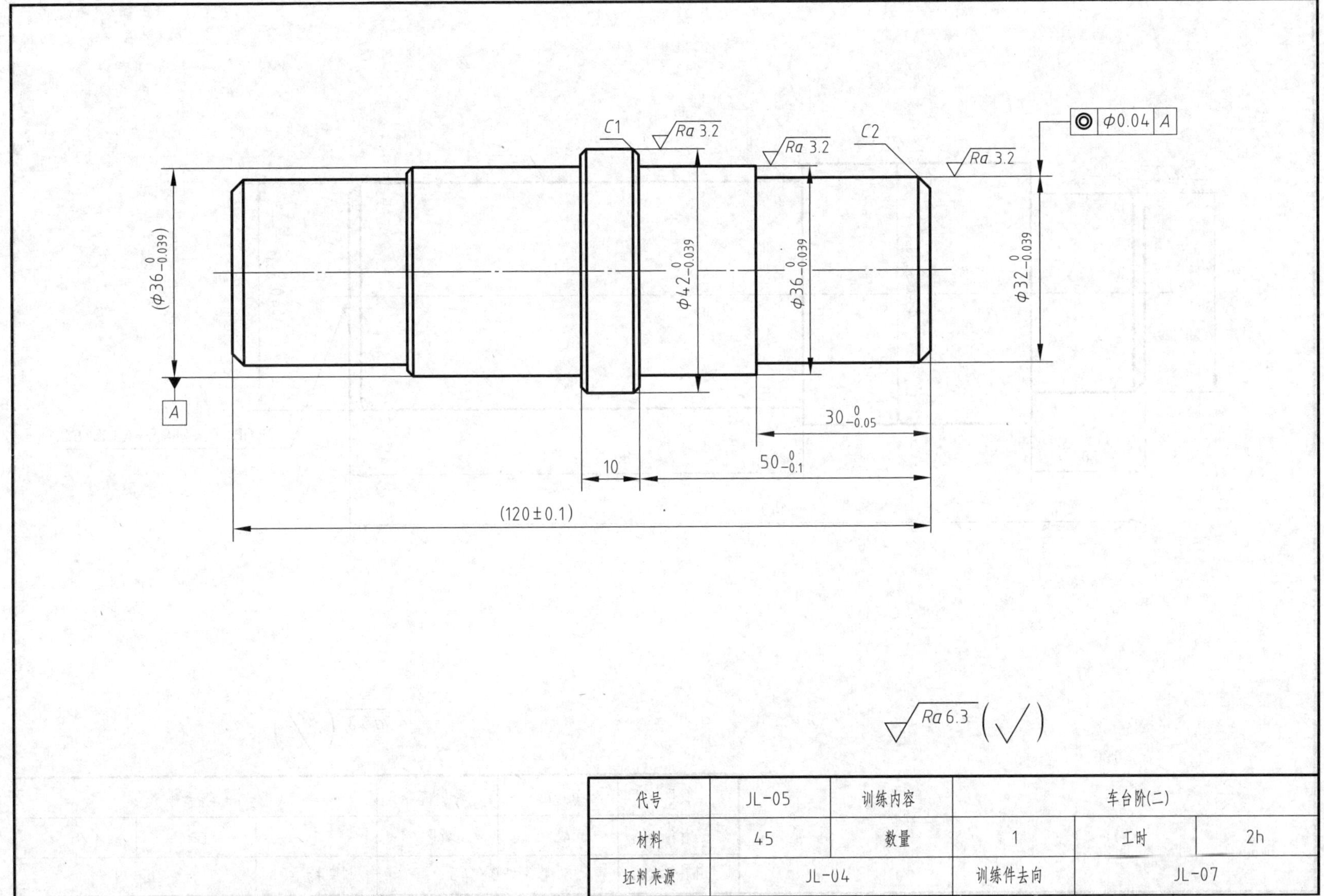

代号	JL-05	训练内容	车台阶(二)		
材料	45	数量	1	工时	2h
坯料来源	JL-04		训练件去向	JL-07	

六、车台阶轴

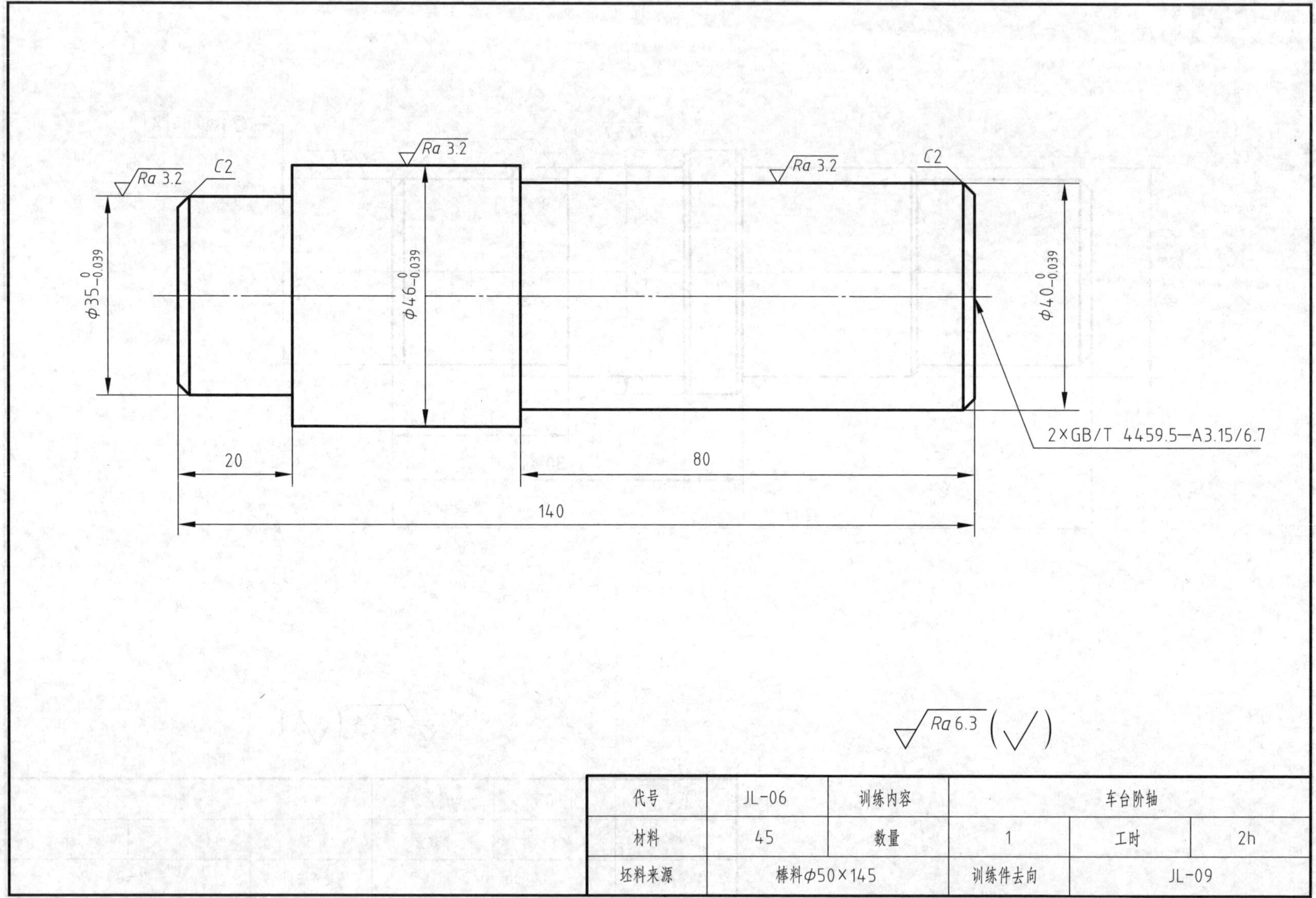

代号	JL-06	训练内容	车台阶轴		
材料	45	数量	1	工时	2h
坯料来源	棒料φ50×145		训练件去向	JL-09	

七、车直槽

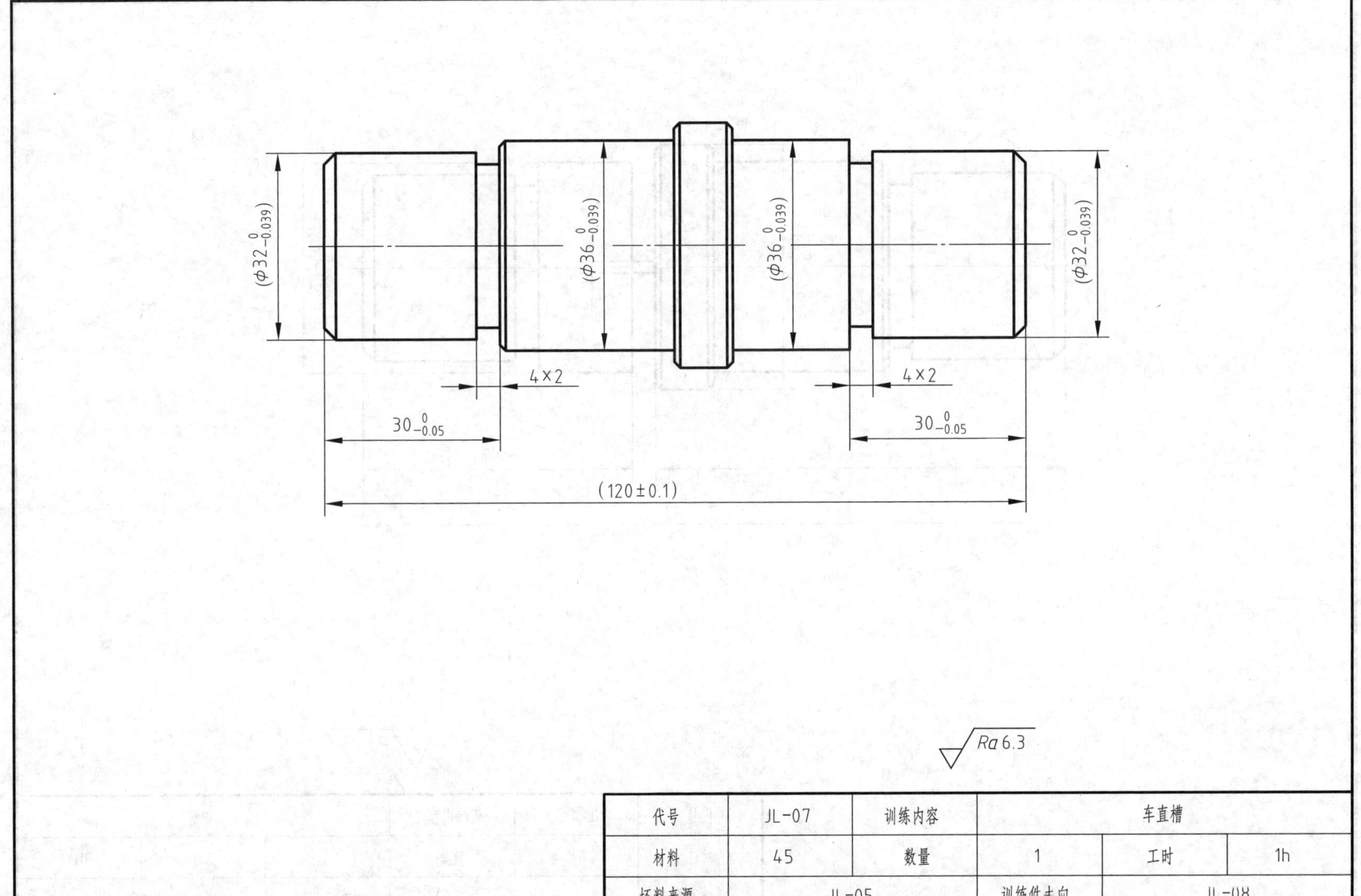

代号	JL-07	训练内容	车直槽		
材料	45	数量	1	工时	1h
坯料来源	JL-05		训练件去向	JL-08	

八、切断

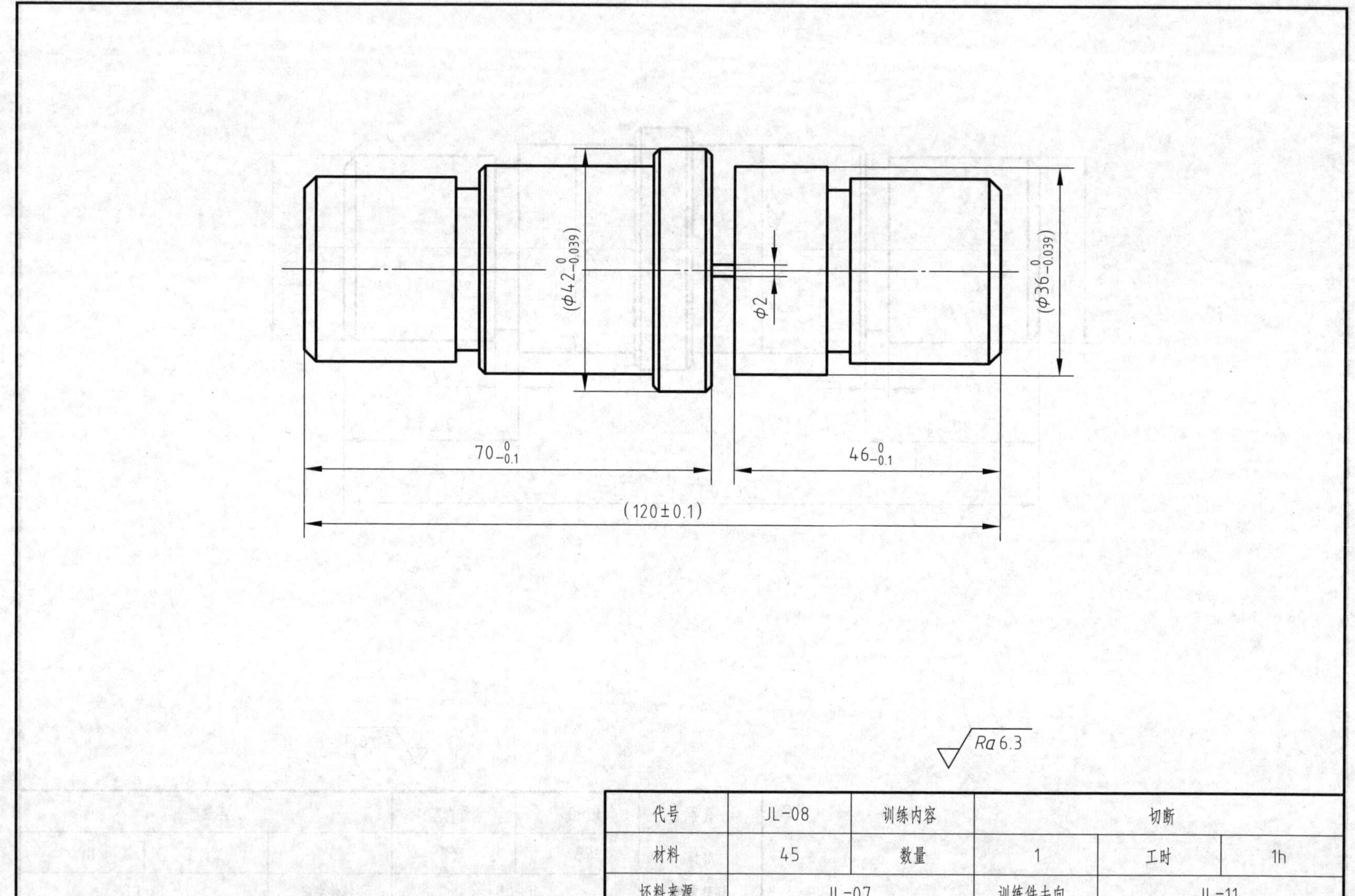

代号	JL-08	训练内容	切断		
材料	45	数量	1	工时	1h
坯料来源	JL-07		训练件去向	JL-11	

九、车宽槽和倒角

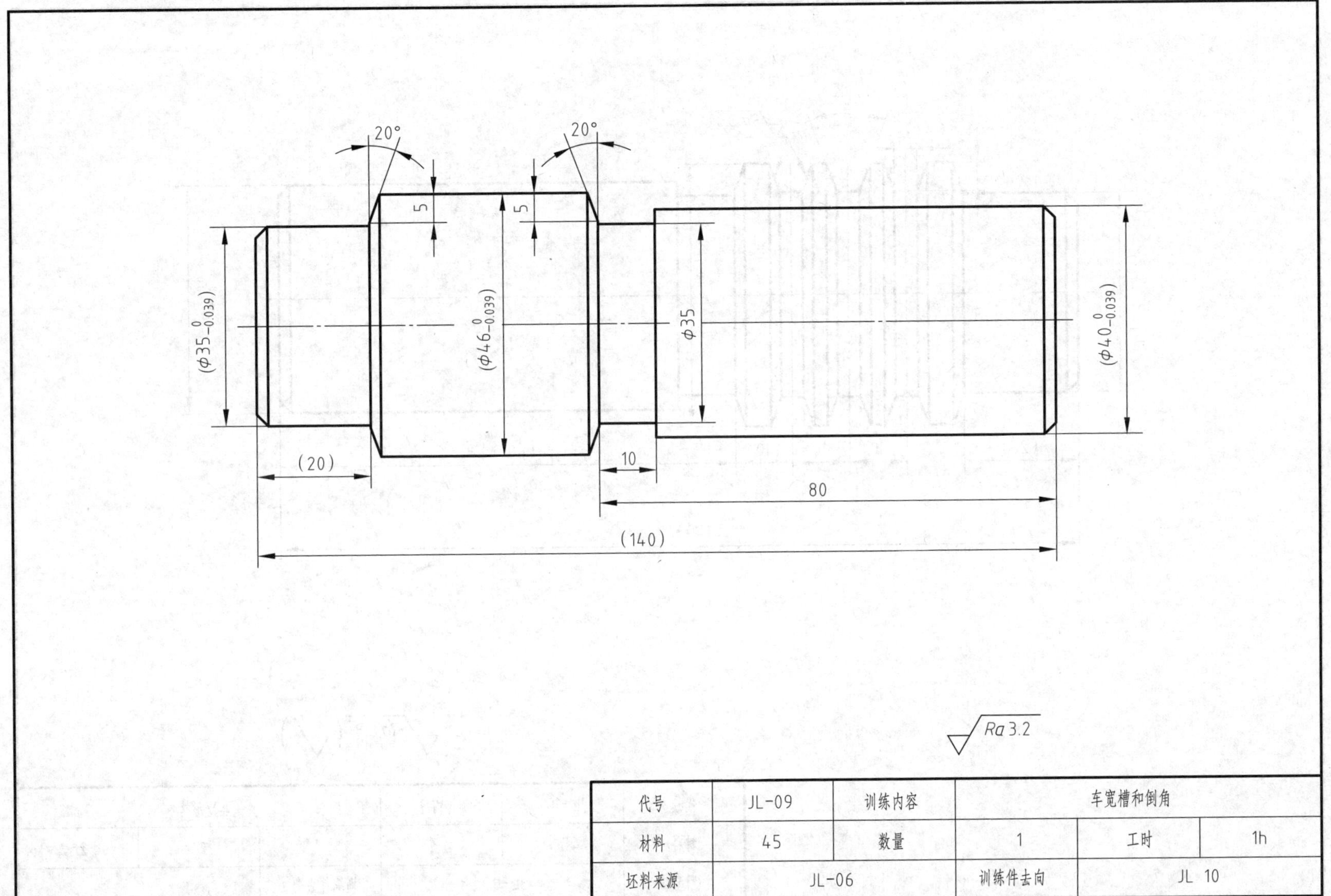

代号	JL-09	训练内容	车宽槽和倒角		
材料	45	数量	1	工时	1h
坯料来源	JL-06		训练件去向	JL 10	

十、车V形槽

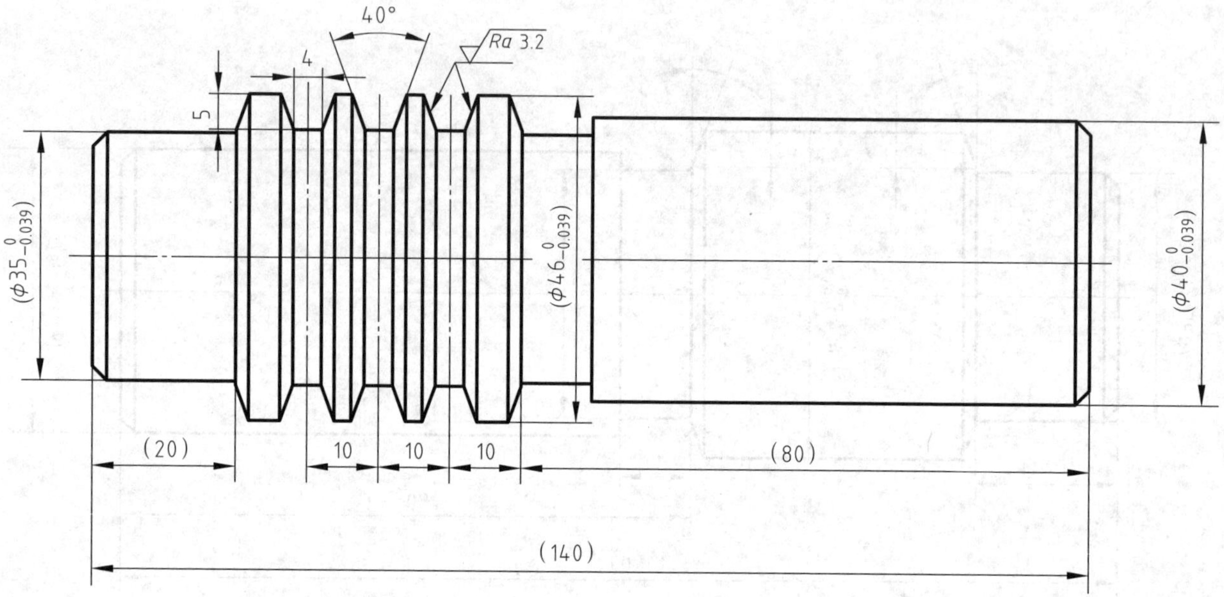

代号	JL-10	训练内容	车V形槽		
材料	45	数量	1	工时	2h
坯料来源	JL-09		训练件去向		

十一、钻孔

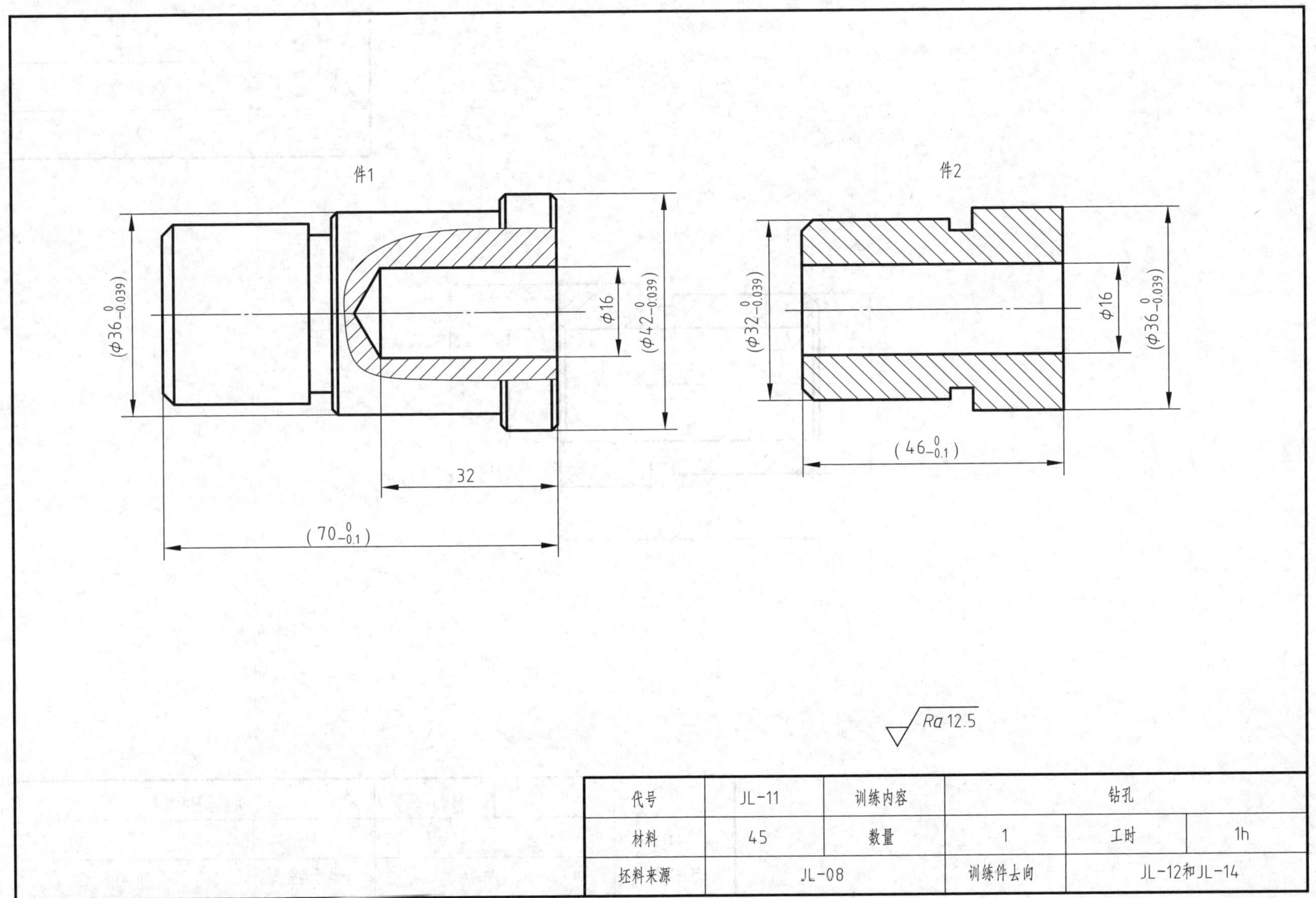

代号	JL-11	训练内容	钻孔		
材料	45	数量	1	工时	1h
坯料来源	JL-08		训练件去向	JL-12和JL-14	

十二、车通孔和内倒角

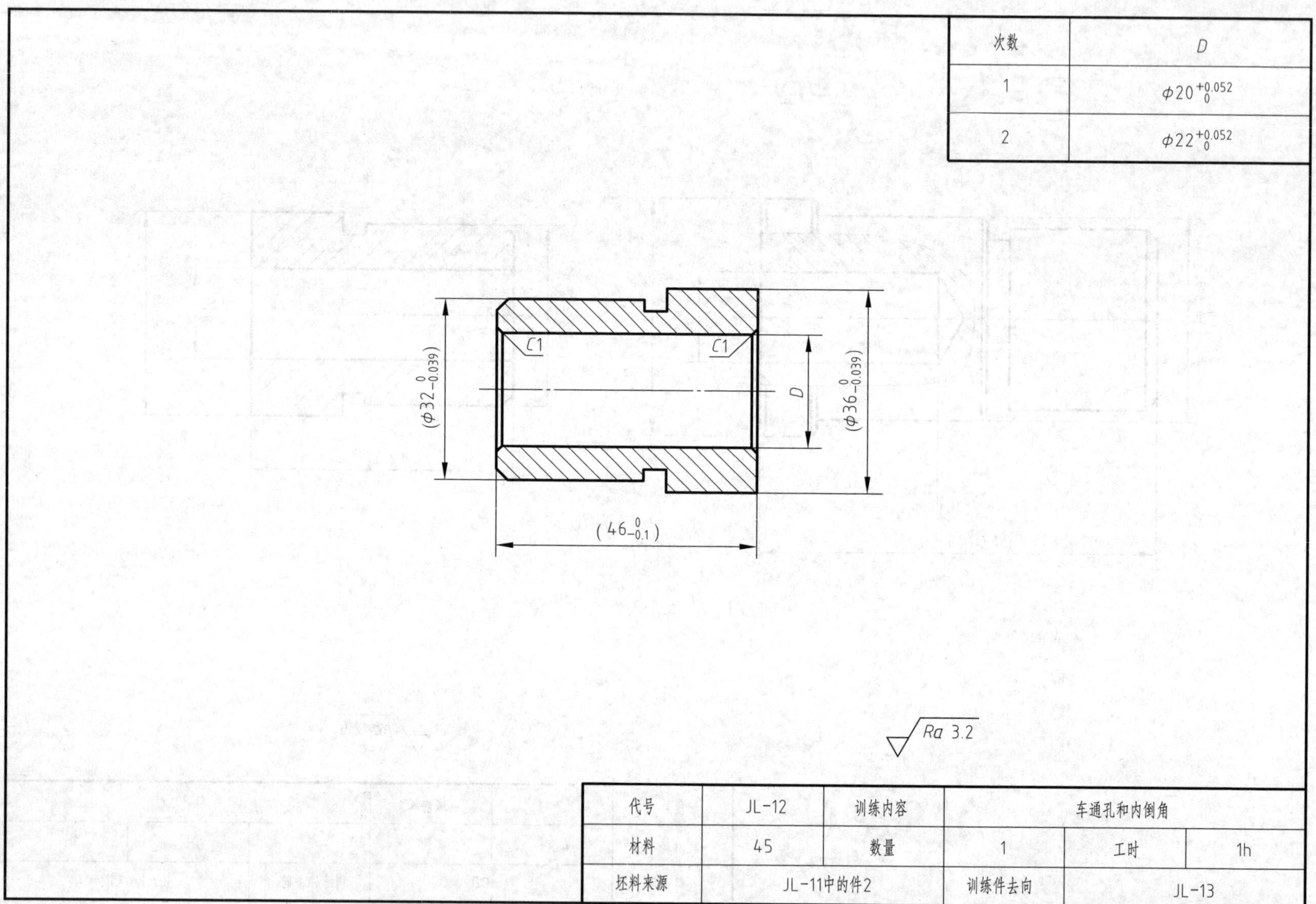

次数	D
1	$\phi 20^{+0.052}_{0}$
2	$\phi 22^{+0.052}_{0}$

代号	JL-12	训练内容	车通孔和内倒角		
材料	45	数量	1	工时	1h
坯料来源	JL-11中的件2		训练件去向	JL-13	

十三、车台阶孔和内倒角

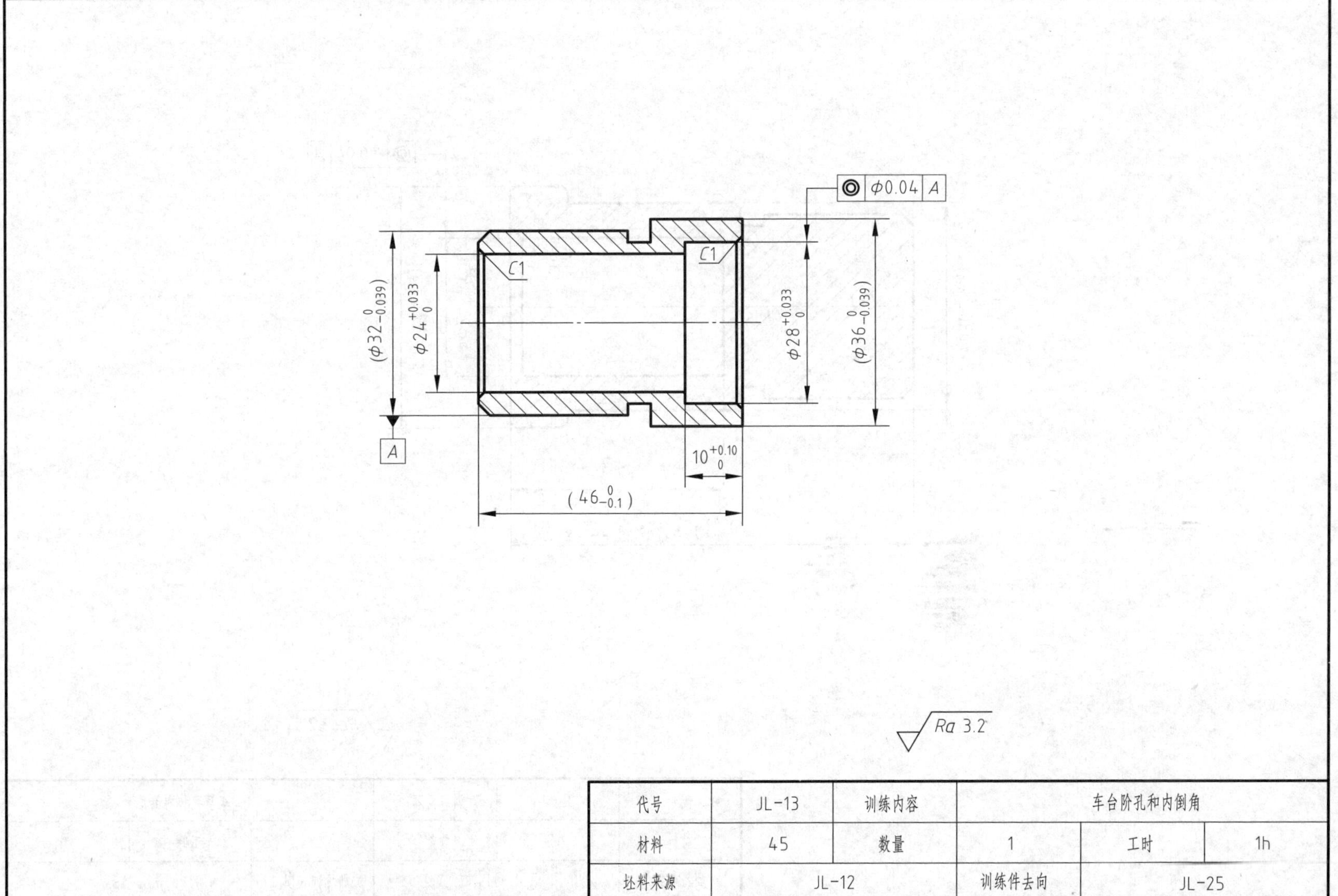

代号	JL-13	训练内容	车台阶孔和内倒角		
材料	45	数量	1	工时	1h
坯料来源	JL-12		训练件去向	JL-25	

十四、车盲孔和内倒角

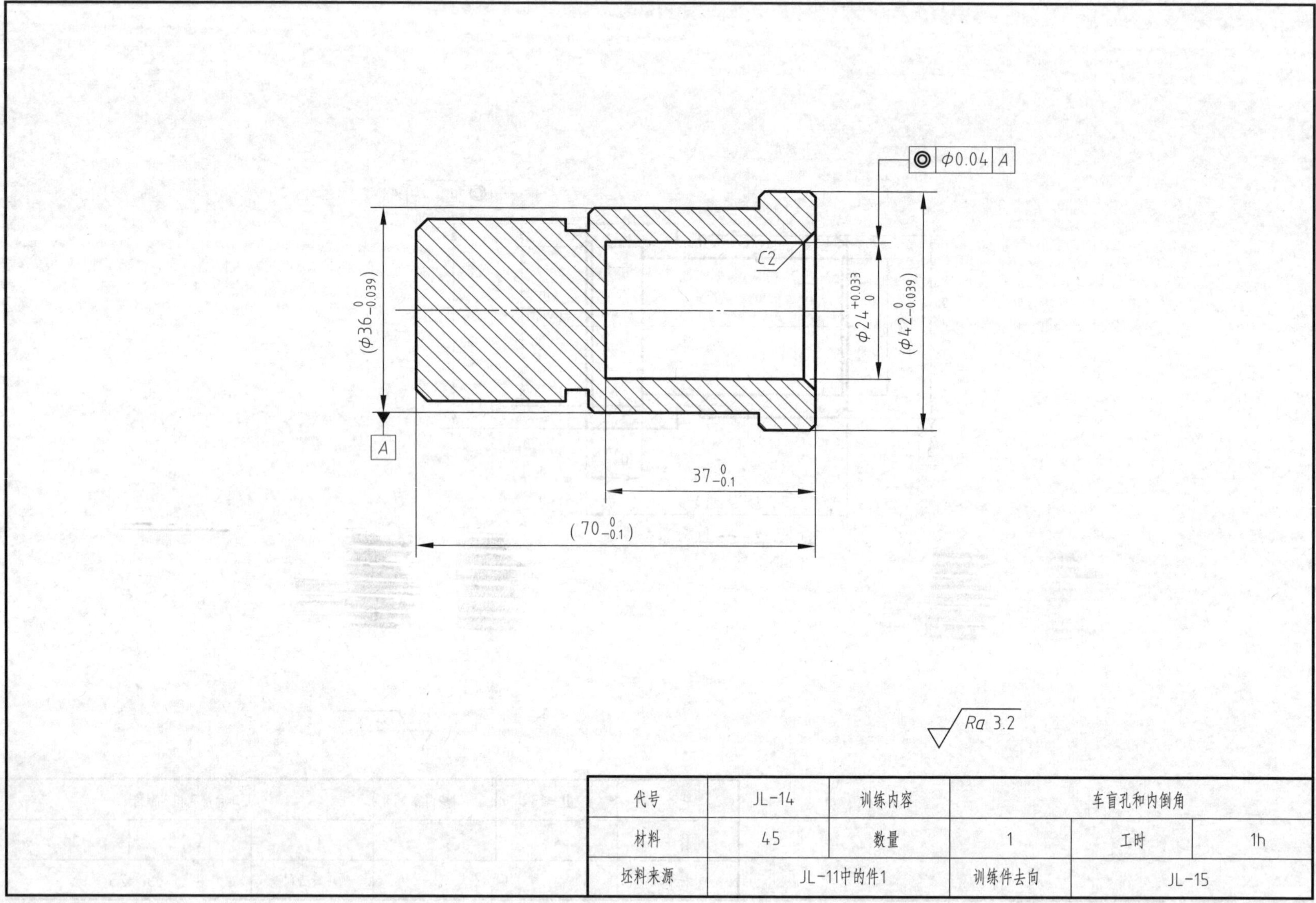

代号	JL-14	训练内容	车盲孔和内倒角		
材料	45	数量	1	工时	1h
坯料来源	JL-11中的件1		训练件去向	JL-15	

十九、车薄壁套环

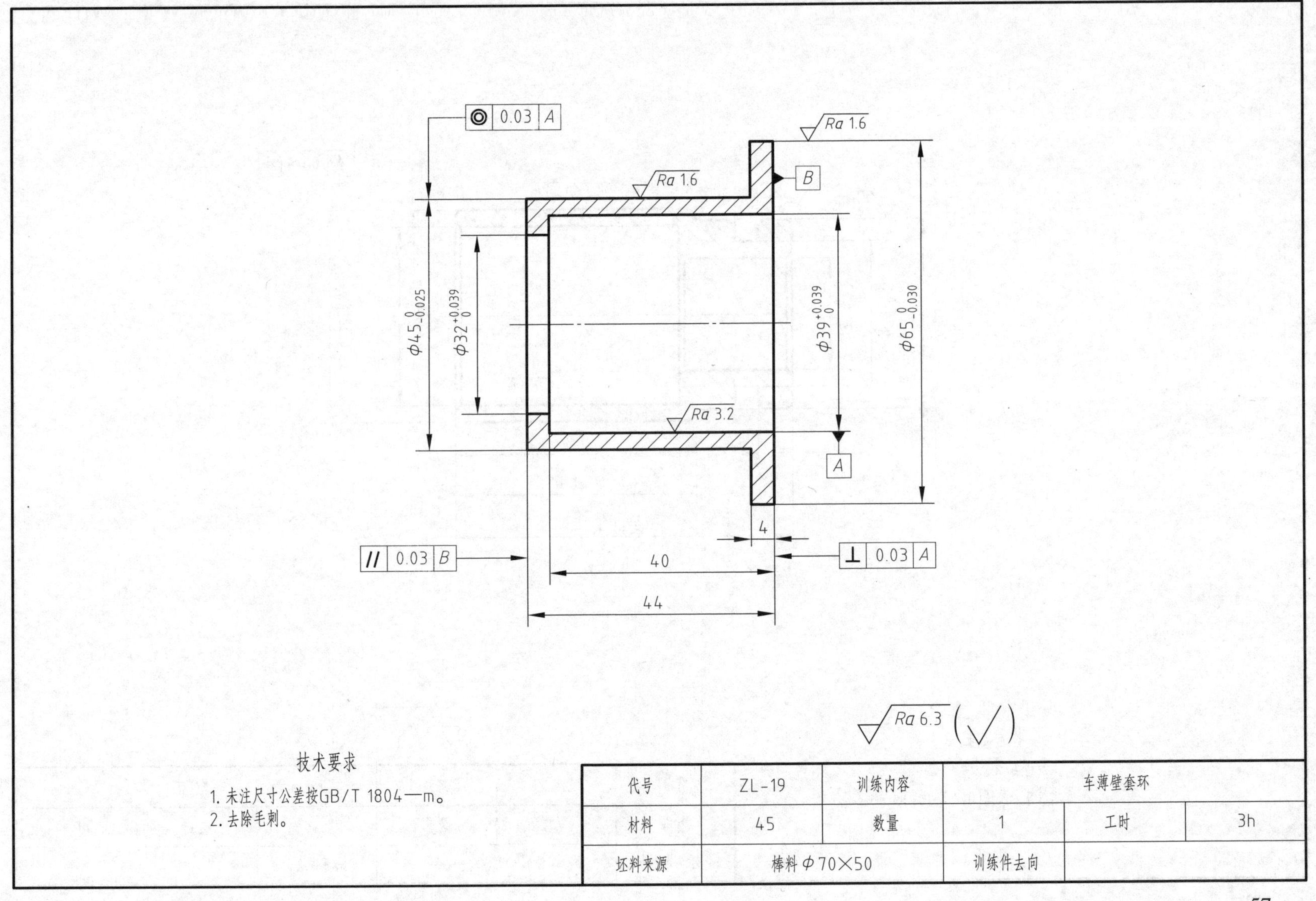

技术要求

1. 未注尺寸公差按GB/T 1804—m。
2. 去除毛刺。

代号	ZL-19	训练内容	车薄壁套环		
材料	45	数量	1	工时	3h
坯料来源	棒料 Φ70×50		训练件去向		

二十、车薄壁套

技术要求

1. 未注倒角为$C1$。
2. 未注尺寸公差按GB/T 1804—m。

代号	ZL-20	训练内容	车薄壁套		
材料	45	数量	1	工时	2h
坯料来源	棒料ϕ40×65		训练件去向		

二十一、车偏心螺纹轴

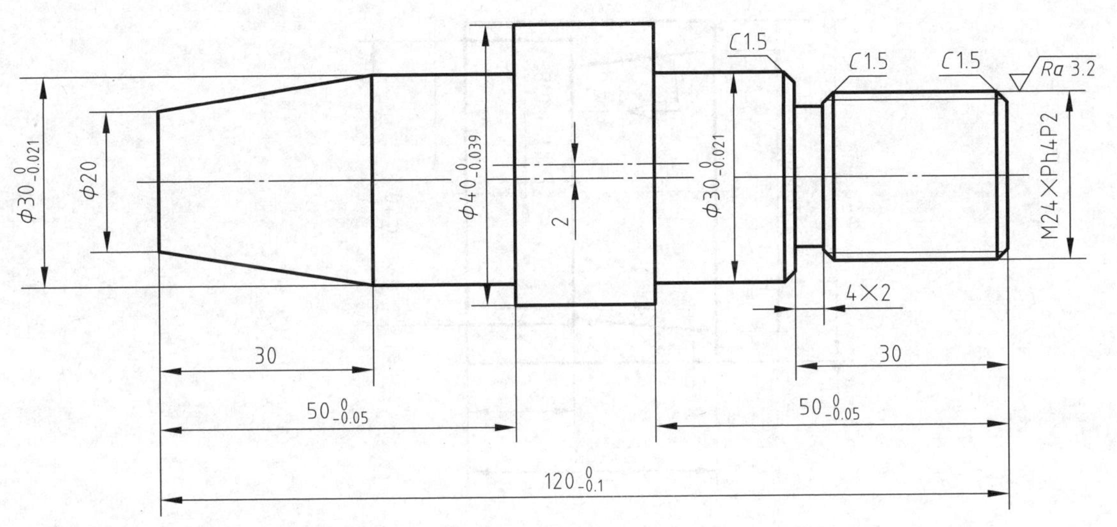

技术要求

1. 未注尺寸公差按GB/T 1804—m。
2. 倒钝锐边。

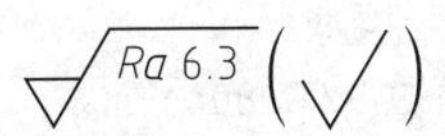

代号	ZL-21	训练内容	车偏心螺纹轴		
材料	45	数量	1	工时	3h
坯料来源	棒料φ45×125		训练件去向		

二十二、车偏心套

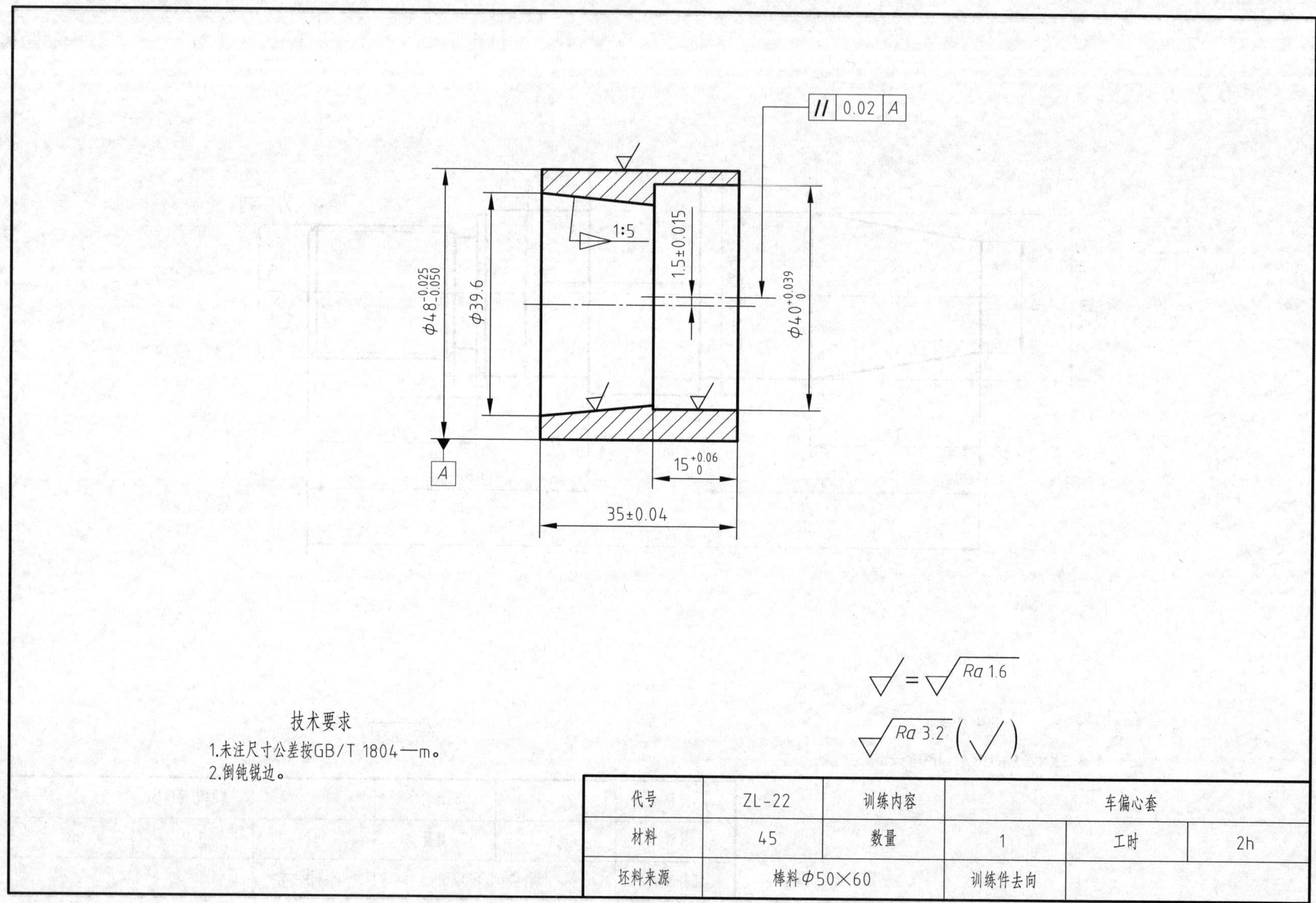

技术要求

1.未注尺寸公差按GB/T 1804—m。

2.倒钝锐边。

代号	ZL-22	训练内容	车偏心套		
材料	45	数量	1	工时	2h
坯料来源	棒料φ50×60		训练件去向		

二十三、车内外圆锥配合件

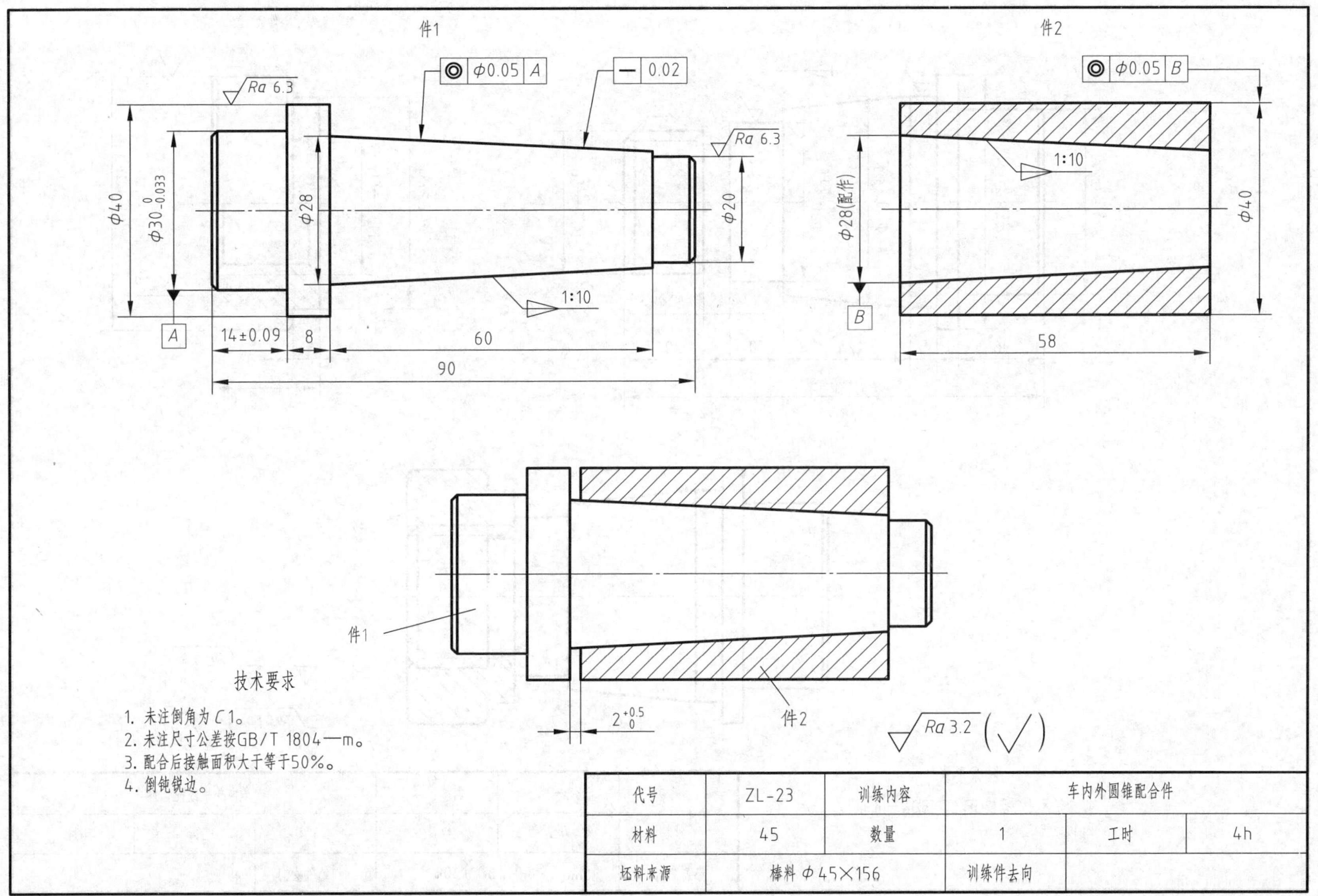

代号	ZL-23	训练内容	车内外圆锥配合件		
材料	45	数量	1	工时	4h
坯料来源	棒料 Φ45×156		训练件去向		

二十四、车内外螺纹配合件

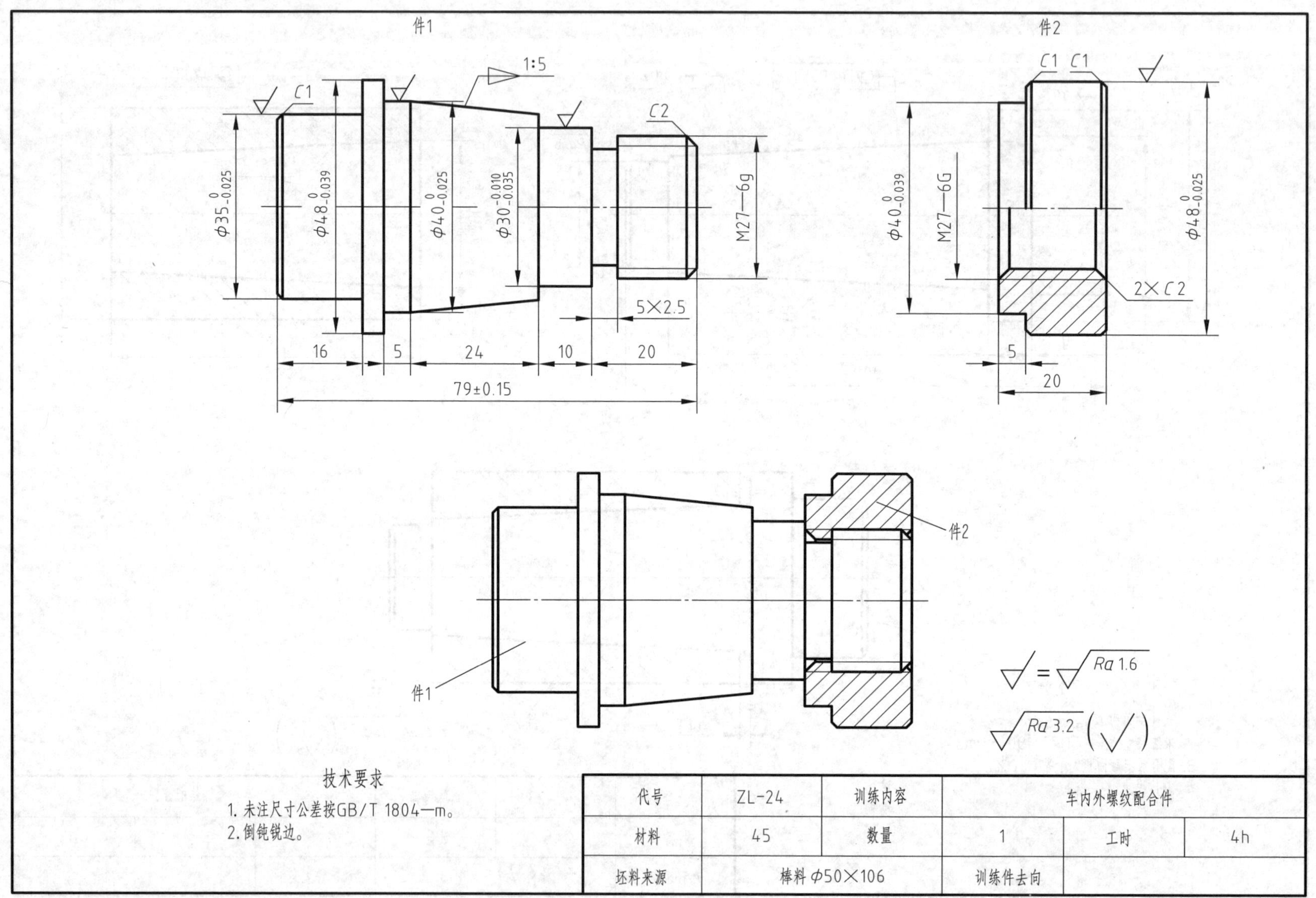

技术要求

1. 未注尺寸公差按GB/T 1804—m。
2. 倒钝锐边。

代号	ZL-24	训练内容	车内外螺纹配合件		
材料	45	数量	1	工时	4h
坯料来源	棒料 φ50×106		训练件去向		

鉴定考核篇

一、中级工职业技能鉴定考核应会试题 1

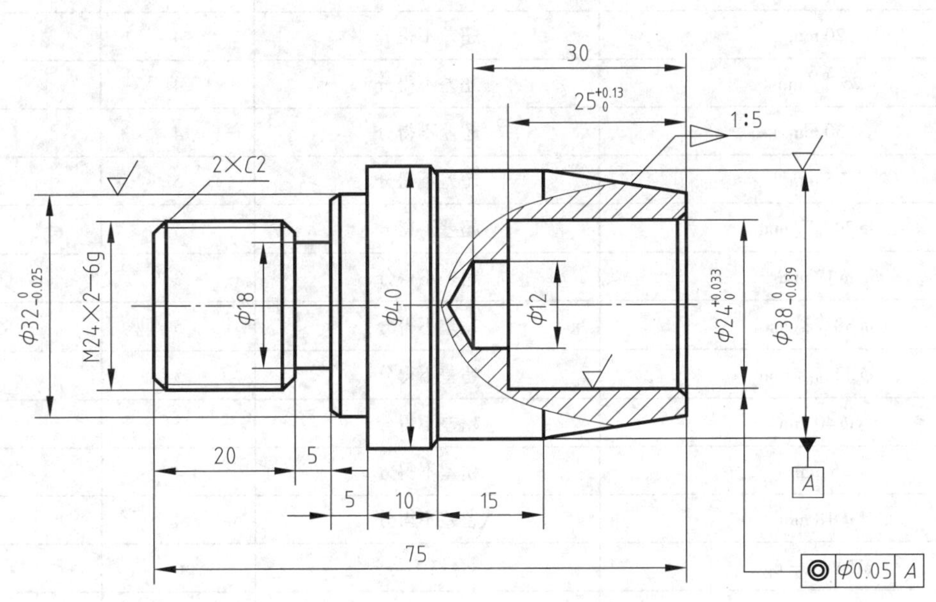

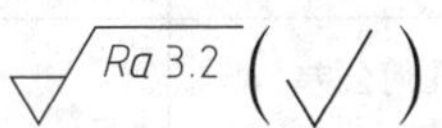

技术要求

1. 未注倒角为C1。
2. 未注尺寸公差按GB/T 1804—m。
3. 不允许用砂纸或锉刀等工具修饰表面。
4. 用涂色法检验时圆锥接触面积大于等于70%。

材料	45	数量	1
坯料来源	棒料 $\phi45\times80$	工时	3h

<table>
<tr><td colspan="2">评分表</td><td>考件名称</td><td>中级工应会试题 1</td><td>检测编号</td><td></td><td>总分</td><td></td></tr>
<tr><td>序号</td><td>考核项目</td><td>考核内容</td><td>评分标准</td><td>配分</td><td>检测记录</td><td>得分</td></tr>
<tr><td>1</td><td rowspan="7">长度</td><td>5 mm</td><td>超差不得分</td><td>4</td><td></td><td></td></tr>
<tr><td>2</td><td>10 mm</td><td>超差不得分</td><td>5</td><td></td><td></td></tr>
<tr><td>3</td><td>15 mm</td><td>超差不得分</td><td>5</td><td></td><td></td></tr>
<tr><td>4</td><td>20 mm</td><td>超差不得分</td><td>4</td><td></td><td></td></tr>
<tr><td>5</td><td>$25^{+0.13}_{0}$ mm</td><td>超差不得分</td><td>4</td><td></td><td></td></tr>
<tr><td>6</td><td>30 mm</td><td>超差不得分</td><td>4</td><td></td><td></td></tr>
<tr><td>7</td><td>75 mm</td><td>超差不得分</td><td>5</td><td></td><td></td></tr>
<tr><td>8</td><td rowspan="5">直径</td><td>$\phi 24^{+0.033}_{0}$ mm</td><td>超差不得分</td><td>5</td><td></td><td></td></tr>
<tr><td>9</td><td>$\phi 12$ mm</td><td>超差不得分</td><td>3</td><td></td><td></td></tr>
<tr><td>10</td><td>$\phi 38^{0}_{-0.039}$ mm</td><td>超差不得分</td><td>5</td><td></td><td></td></tr>
<tr><td>11</td><td>$\phi 32^{0}_{-0.025}$ mm</td><td>超差不得分</td><td>5</td><td></td><td></td></tr>
<tr><td>12</td><td>$\phi 40$ mm</td><td>超差不得分</td><td>5</td><td></td><td></td></tr>
<tr><td>13</td><td rowspan="2">槽</td><td>5 mm</td><td>超差不得分</td><td>4</td><td></td><td></td></tr>
<tr><td>14</td><td>$\phi 18$ mm</td><td>超差不得分</td><td>4</td><td></td><td></td></tr>
<tr><td>15</td><td>普通外螺纹</td><td>M24×2—6g</td><td>不合格不得分</td><td>6</td><td></td><td></td></tr>
<tr><td>16</td><td>锥度</td><td>锥度 1∶5，接触面积大于等于 70%</td><td>不合格不得分</td><td>5</td><td></td><td></td></tr>
<tr><td>17</td><td rowspan="2">倒角</td><td>$C1$ mm（3 处）</td><td>超差不得分</td><td>3×1</td><td></td><td></td></tr>
<tr><td>18</td><td>$C2$ mm（2 处）</td><td>超差不得分</td><td>2×2</td><td></td><td></td></tr>
<tr><td>19</td><td>几何公差</td><td>◎ | $\phi 0.05$ | A</td><td>超差不得分</td><td>5</td><td></td><td></td></tr>
<tr><td>20</td><td rowspan="2">表面粗糙度</td><td>$Ra1.6$ μm（3 处）</td><td>降级不得分</td><td>3×1</td><td></td><td></td></tr>
<tr><td>21</td><td>$Ra3.2$ μm（7 处）</td><td>降级不得分</td><td>7×1</td><td></td><td></td></tr>
<tr><td>22</td><td>安全文明生产</td><td>严格遵守安全文明生产要求</td><td>违反一次扣 1 分，扣完为止</td><td>5</td><td></td><td></td></tr>
</table>

二、中级工职业技能鉴定考核应会试题 2

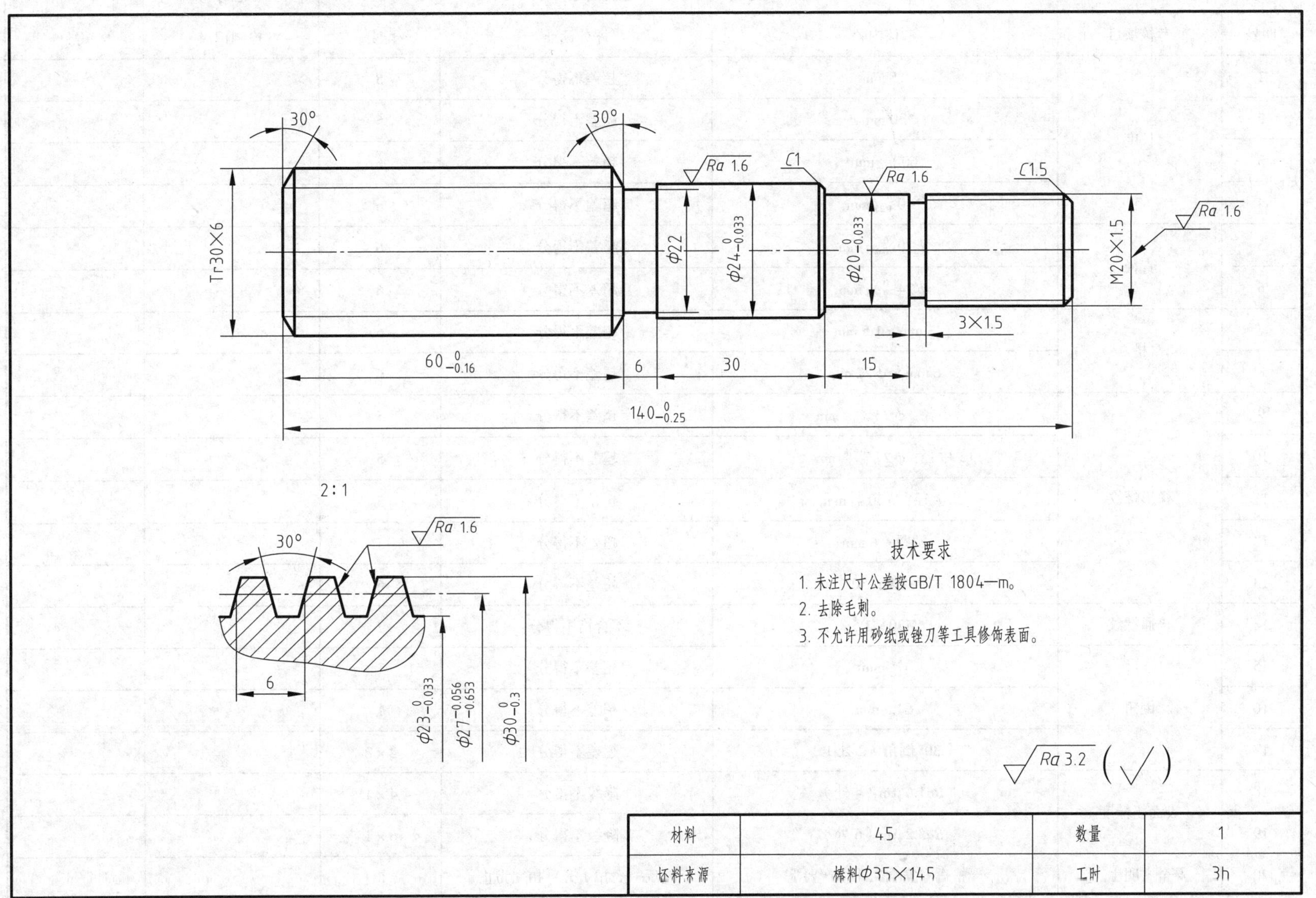

材料	45	数量	1
坯料来源	棒料Φ35×145	工时	3h

评分表	考件名称	中级工应会试题 2	检测编号		总分	
序号	考核项目	考核内容	评分标准	配分	检测记录	得分
1	长度	15 mm	超差不得分	5		
2		30 mm	超差不得分	5		
3		$60_{-0.16}^{0}$ mm	超差不得分	6		
4		$140_{-0.25}^{0}$ mm	超差不得分	6		
5	直径	$\phi 20_{-0.033}^{0}$ mm	超差不得分	6		
6		$\phi 24_{-0.033}^{0}$ mm	超差不得分	6		
7	槽	3 mm × 1.5 mm	超差不得分	6		
8		6 mm × ϕ22 mm	超差不得分	6		
9	梯形螺纹	小径：$\phi 23_{-0.033}^{0}$ mm	超差不得分	5		
10		中径：$\phi 27_{-0.653}^{-0.056}$ mm	超差不得分	5		
11		大径：$\phi 30_{-0.3}^{0}$ mm	超差不得分	5		
12		螺距：6 mm	超差不得分	5		
13		牙型角：30°	超差不得分	6		
14	普通螺纹	M20 × 1.5	不合格不得分	7		
15	倒角	*C*1 mm	超差不得分	1		
16		*C*1.5 mm	超差不得分	1		
17		30° 倒角（2 处）	超差不得分	2 × 2		
18	表面粗糙度	*Ra*1.6 μm（4 处）	降级不得分	4 × 1		
19		*Ra*3.2 μm（6 处）	降级不得分	6 × 1		
20	安全文明生产	严格遵守安全文明生产要求	违反一次扣 1 分，扣完为止	5		

三、中级工职业技能鉴定考核应会试题 3

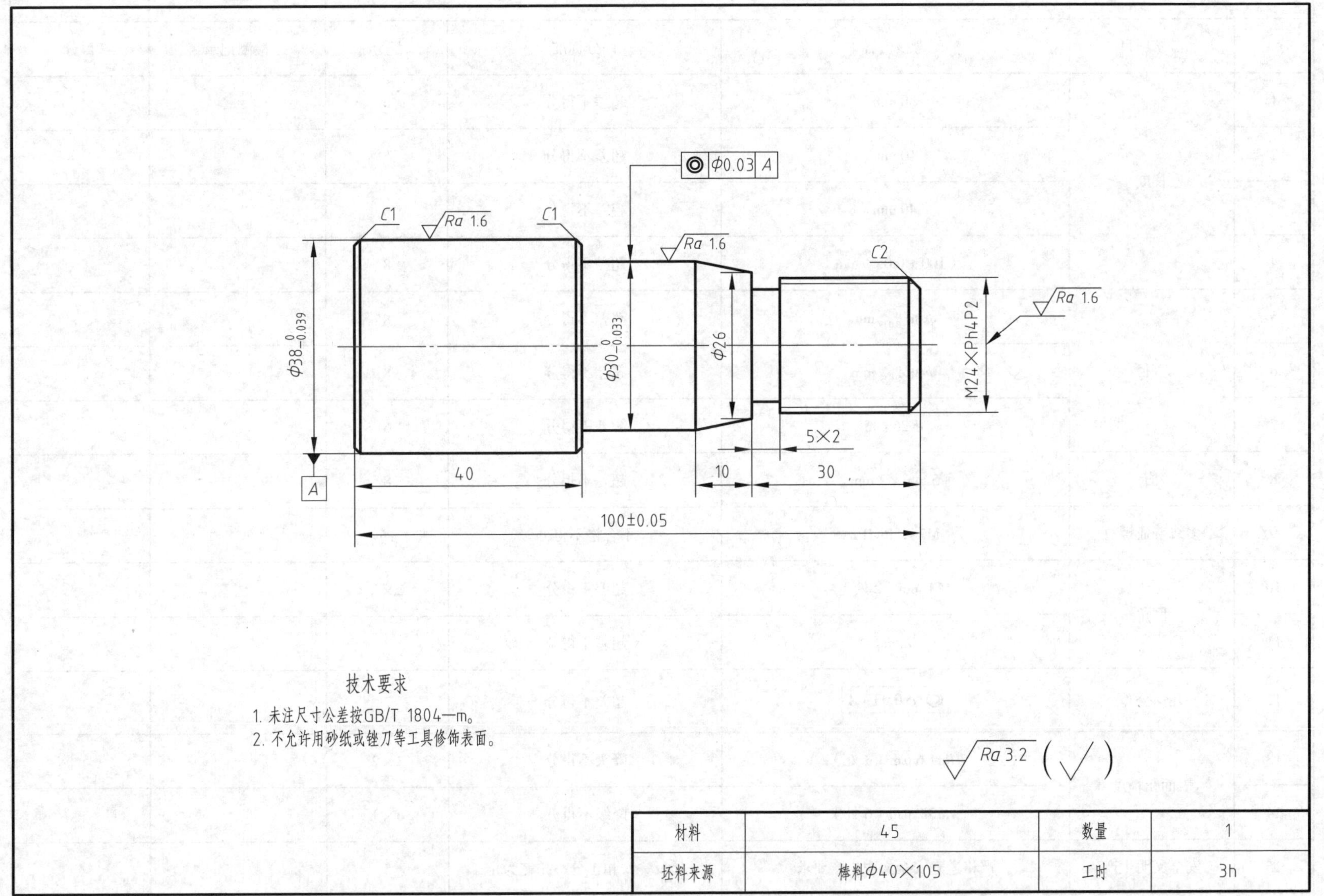

材料	45	数量	1
坯料来源	棒料Φ40×105	工时	3h

评分表		考件名称	中级工应会试题 3	检测编号		总分	
序号	考核项目	考核内容		评分标准	配分	检测记录	得分
1	长度	30 mm		超差不得分	6		
2		10 mm		超差不得分	5		
3		40 mm		超差不得分	6		
4		（100 ± 0.05）mm		超差不得分	8		
5	直径	$\phi 30_{-0.033}^{0}$ mm		超差不得分	8		
6		$\phi 38_{-0.039}^{0}$ mm		超差不得分	8		
7		ϕ26 mm		超差不得分	6		
8	槽	5 mm × 2 mm		超差不得分	8		
9	多线普通螺纹	M24 × Ph4P2		不合格不得分	15		
10	倒角	*C*1 mm（2 处）		超差不得分	2 × 2		
11		*C*2 mm		超差不得分	2		
12	几何公差	◎ | ϕ0.03 | *A*		超差不得分	7		
13	表面粗糙度	*Ra*1.6 μm（3 处）		降级不得分	3 × 2		
14		*Ra*3.2 μm（6 处）		降级不得分	6 × 1		
15	安全文明生产	严格遵守安全文明生产要求		违反一次扣 1 分，扣完为止	5		

四、中级工职业技能鉴定考核应会试题 4

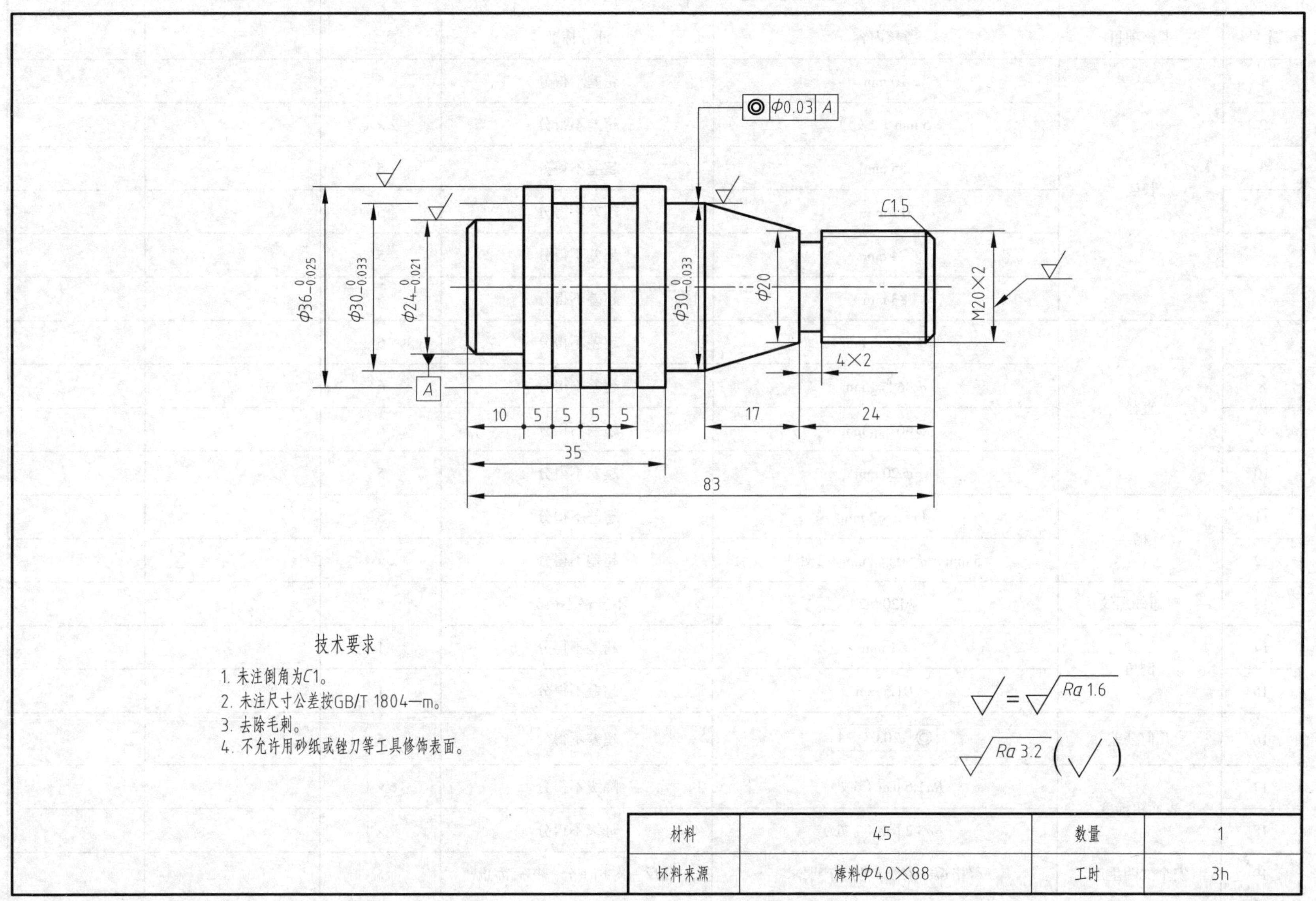

技术要求

1. 未注倒角为C1。
2. 未注尺寸公差按GB/T 1804—m。
3. 去除毛刺。
4. 不允许用砂纸或锉刀等工具修饰表面。

材料	45	数量	1
坯料来源	棒料Φ40×88	工时	3h

<table>
<tr><td colspan="2">评分表</td><td>考件名称</td><td>中级工应会试题 4</td><td>检测编号</td><td></td><td>总分</td><td></td></tr>
<tr><td>序号</td><td>考核项目</td><td>考核内容</td><td>评分标准</td><td>配分</td><td>检测记录</td><td>得分</td><td></td></tr>
<tr><td>1</td><td rowspan="6">长度</td><td>10 mm</td><td>超差不得分</td><td>5</td><td></td><td></td><td></td></tr>
<tr><td>2</td><td>5 mm（2 处）</td><td>超差不得分</td><td>2×4</td><td></td><td></td><td></td></tr>
<tr><td>3</td><td>35 mm</td><td>超差不得分</td><td>5</td><td></td><td></td><td></td></tr>
<tr><td>4</td><td>17 mm</td><td>超差不得分</td><td>5</td><td></td><td></td><td></td></tr>
<tr><td>5</td><td>24 mm</td><td>超差不得分</td><td>5</td><td></td><td></td><td></td></tr>
<tr><td>6</td><td>83 mm</td><td>超差不得分</td><td>5</td><td></td><td></td><td></td></tr>
<tr><td>7</td><td rowspan="4">直径</td><td>$\phi 24_{-0.021}^{0}$ mm</td><td>超差不得分</td><td>6</td><td></td><td></td><td></td></tr>
<tr><td>8</td><td>$\phi 36_{-0.025}^{0}$ mm</td><td>超差不得分</td><td>6</td><td></td><td></td><td></td></tr>
<tr><td>9</td><td>$\phi 30_{-0.033}^{0}$ mm</td><td>超差不得分</td><td>6</td><td></td><td></td><td></td></tr>
<tr><td>10</td><td>$\phi 20$ mm</td><td>超差不得分</td><td>5</td><td></td><td></td><td></td></tr>
<tr><td>11</td><td rowspan="2">槽</td><td>4 mm×2 mm</td><td>超差不得分</td><td>5</td><td></td><td></td><td></td></tr>
<tr><td>12</td><td>5 mm×$\phi 30_{-0.033}^{0}$ mm（2 处）</td><td>超差不得分</td><td>2×4</td><td></td><td></td><td></td></tr>
<tr><td>13</td><td>普通外螺纹</td><td>M20×2</td><td>不合格不得分</td><td>6</td><td></td><td></td><td></td></tr>
<tr><td>14</td><td rowspan="2">倒角</td><td>$C1$ mm</td><td>超差不得分</td><td>1</td><td></td><td></td><td></td></tr>
<tr><td>15</td><td>$C1.5$ mm</td><td>超差不得分</td><td>1</td><td></td><td></td><td></td></tr>
<tr><td>16</td><td>几何公差</td><td>◎ | $\phi 0.03$ | A</td><td>超差不得分</td><td>5</td><td></td><td></td><td></td></tr>
<tr><td>17</td><td rowspan="2">表面粗糙度</td><td>$Ra1.6$ μm（6 处）</td><td>降级不得分</td><td>6×1</td><td></td><td></td><td></td></tr>
<tr><td>18</td><td>$Ra3.2$ μm（7 处）</td><td>降级不得分</td><td>7×1</td><td></td><td></td><td></td></tr>
<tr><td>19</td><td>安全文明生产</td><td>严格遵守安全文明生产要求</td><td>违反一次扣 1 分，扣完为止</td><td>5</td><td></td><td></td><td></td></tr>
</table>

五、中级工职业技能鉴定考核应会试题 5

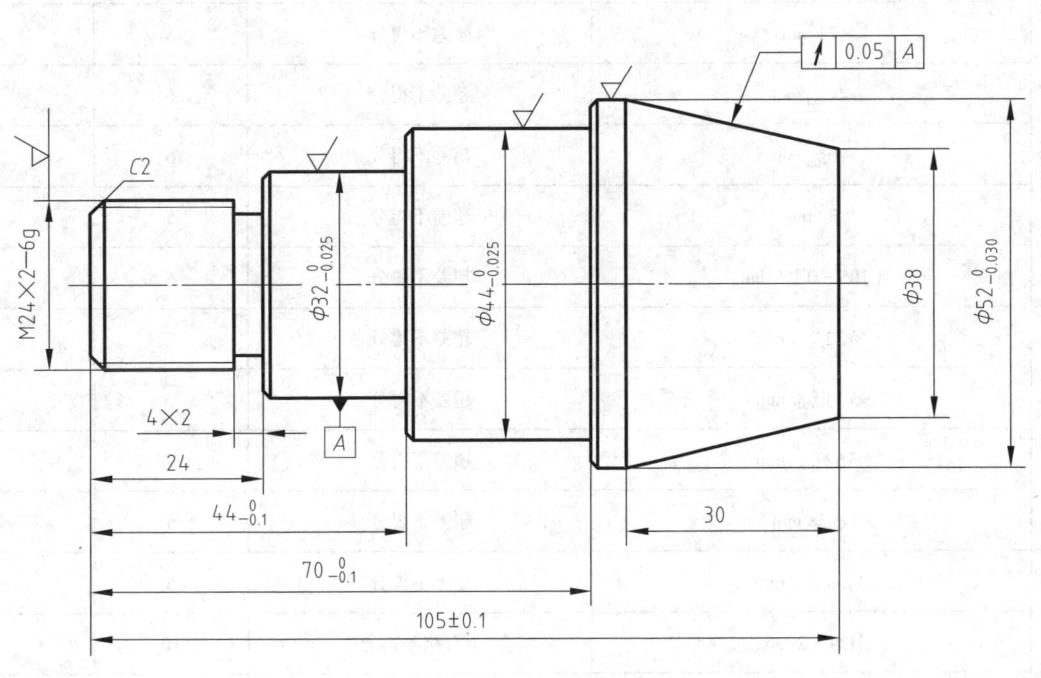

技术要求

1. 未注倒角为C1。
2. 未注尺寸公差按GB/T 1804—m。
3. 去除毛刺。
4. 不允许用砂纸或锉刀等工具修饰表面。

材料	45	数量	1
坯料来源	棒料Φ55×110	工时	3h

评分表		考件名称	中级工应会试题 5	检测编号	总分	
序号	考核项目	考核内容	评分标准	配分	检测记录	得分
1	长度	24 mm	超差不得分	5		
2		$44_{-0.1}^{0}$ mm	超差不得分	6		
3		$70_{-0.1}^{0}$ mm	超差不得分	6		
4		30 mm	超差不得分	5		
5		（105 ± 0.1）mm	超差不得分	6		
6	直径	$\phi 32_{-0.025}^{0}$ mm	超差不得分	7		
7		$\phi 44_{-0.025}^{0}$ mm	超差不得分	7		
8		$\phi 52_{-0.030}^{0}$ mm	超差不得分	7		
9		ϕ38 mm	超差不得分	5		
10	槽	4 mm × 2 mm	超差不得分	6		
11	普通外螺纹	M24 × 2—6g	不合格不得分	10		
12	倒角	*C*1 mm（3 处）	超差不得分	3 × 1		
13		*C*2 mm	超差不得分	2		
14	几何公差	↗ 0.05 *A*	超差不得分	5		
15	表面粗糙度	*Ra*1.6 μm（4 处）	降级不得分	4 × 2		
16		*Ra*3.2 μm（7 处）	降级不得分	7 × 1		
17	安全文明生产	严格遵守安全文明生产要求	违反一次扣 1 分，扣完为止	5		

六、中级工职业技能鉴定考核应会试题 6

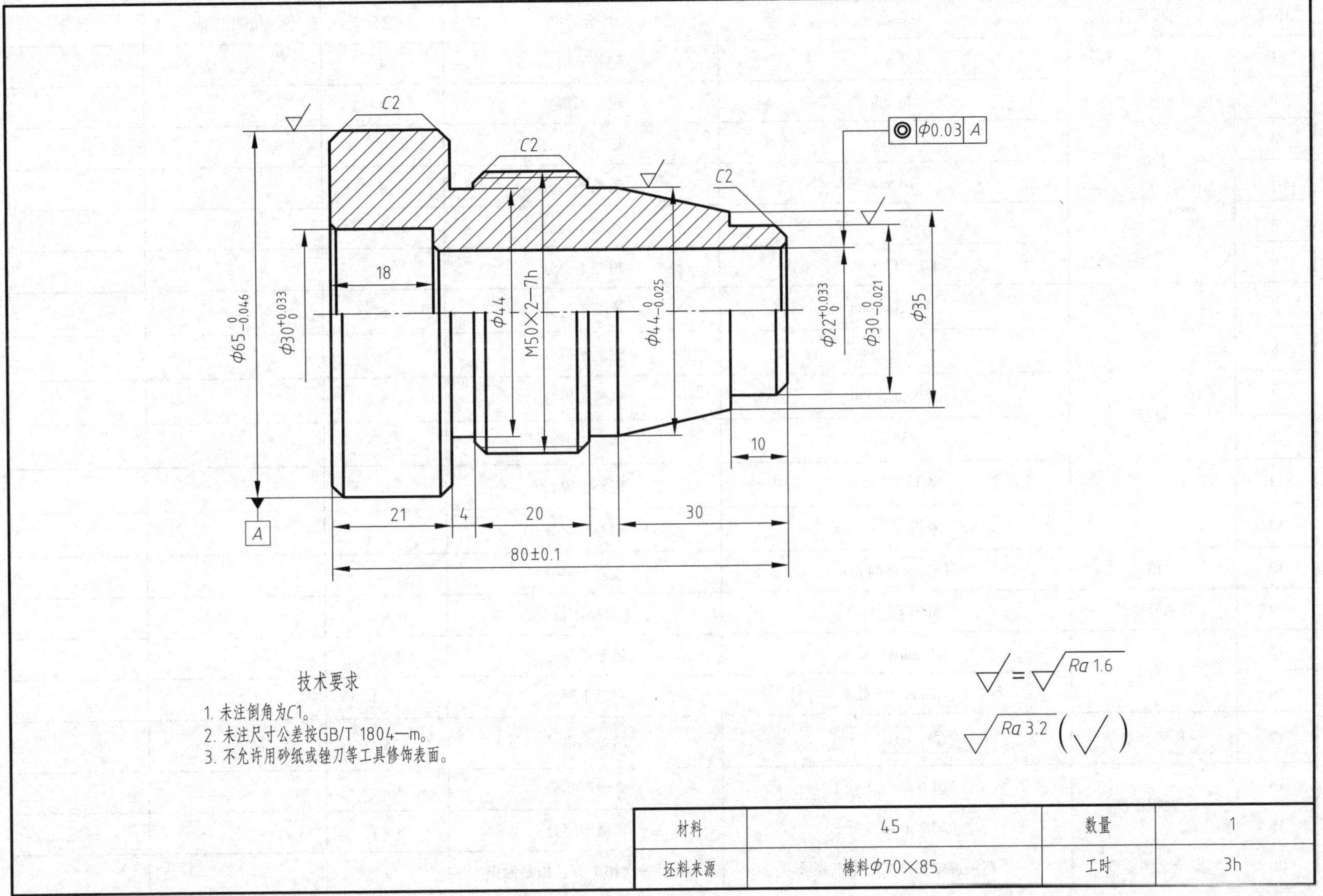

材料	45	数量	1
坯料来源	棒料Φ70×85	工时	3h

评分表		考件名称	中级工应会试题 6	检测编号		总分	
序号	考核项目	考核内容		评分标准	配分	检测记录	得分
1	长度	21 mm		超差不得分	4		
2		20 mm		超差不得分	4		
3		30 mm		超差不得分	4		
4		10 mm		超差不得分	4		
5		18 mm		超差不得分	4		
6		（80 ± 0.1）mm		超差不得分	5		
7	直径	$\phi 30_{-0.021}^{0}$ mm		超差不得分	6		
8		$\phi 44_{-0.025}^{0}$ mm		超差不得分	6		
9		$\phi 65_{-0.046}^{0}$ mm		超差不得分	5		
10		$\phi 35$ mm		超差不得分	5		
11		$\phi 30_{0}^{+0.033}$ mm		超差不得分	6		
12		$\phi 22_{0}^{+0.033}$ mm		超差不得分	6		
13	槽	4 mm × ϕ 44 mm		超差不得分	4		
14	普通外螺纹	M50 × 2—7h		不合格不得分	8		
15	倒角	*C*1 mm（3 处）		超差不得分	3 × 1		
16		*C*2 mm（5 处）		超差不得分	5 × 1		
17	几何公差	◎ | ϕ 0.03 | *A*		超差不得分	5		
18	表面粗糙度	*Ra*1.6 μm（3 处）		降级不得分	3 × 1		
19		*Ra*3.2 μm（8 处）		降级不得分	8 × 1		
20	安全文明生产	严格遵守安全文明生产要求		违反一次扣 1 分，扣完为止	5		

七、中级工职业技能鉴定考核应会试题 7

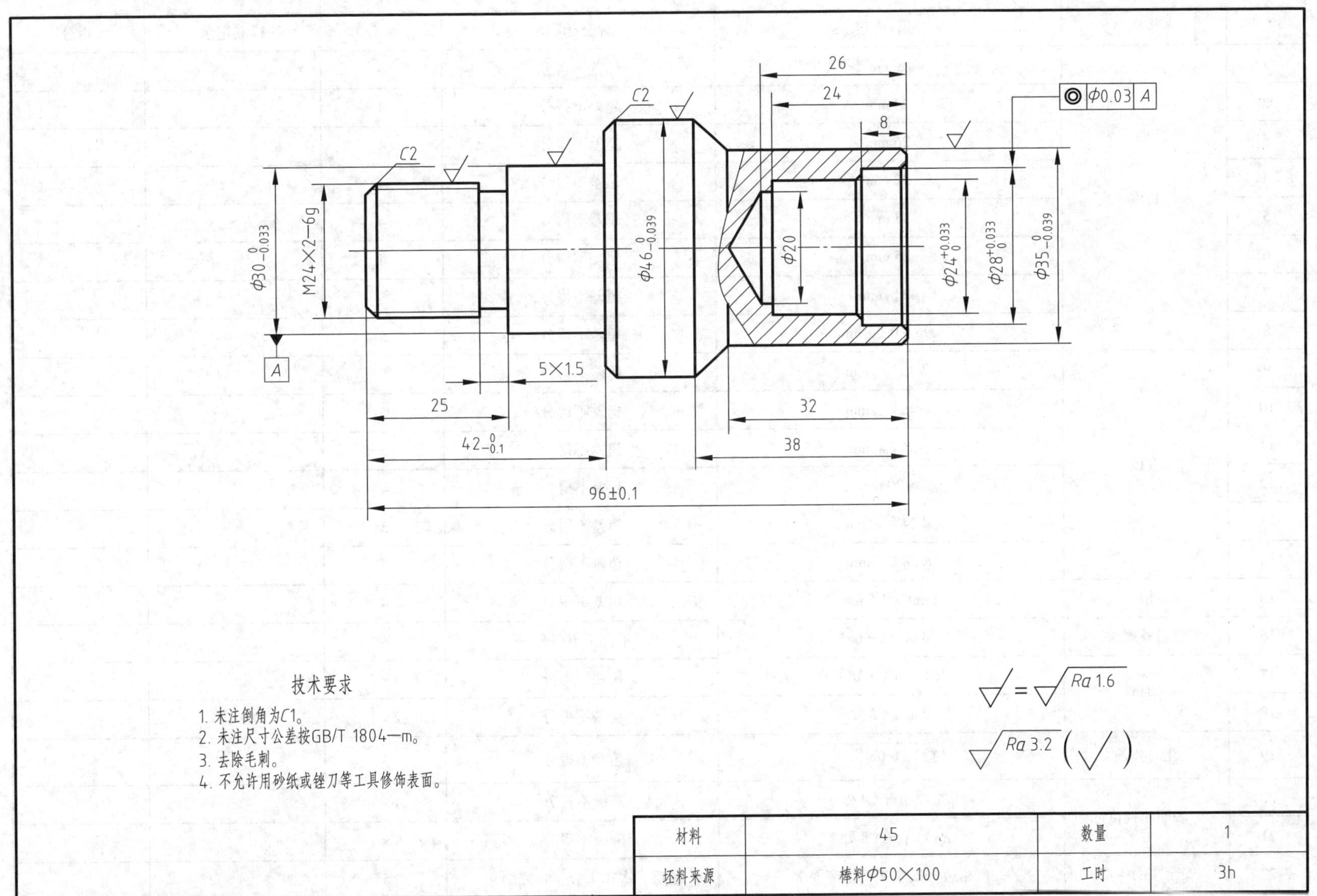

技术要求

1. 未注倒角为C1。
2. 未注尺寸公差按GB/T 1804—m。
3. 去除毛刺。
4. 不允许用砂纸或锉刀等工具修饰表面。

材料	45	数量	1
坯料来源	棒料Φ50×100	工时	3h

评分表		考件名称	中级工应会试题 7	检测编号		总分	
序号	考核项目	考核内容		评分标准	配分	检测记录	得分
1	长度	8 mm		超差不得分	4		
2		24 mm		超差不得分	4		
3		26 mm		超差不得分	4		
4		32 mm		超差不得分	4		
5		38 mm		超差不得分	4		
6		25 mm		超差不得分	4		
7		$42_{-0.1}^{0}$ mm		超差不得分	5		
8		（96 ± 0.1）mm		超差不得分	5		
9	直径	$\phi 30_{-0.033}^{0}$ mm		超差不得分	5		
10		$\phi 46_{-0.039}^{0}$ mm		超差不得分	5		
11		$\phi 35_{-0.039}^{0}$ mm		超差不得分	5		
12		$\phi 20$ mm		超差不得分	4		
13		$\phi 24_{0}^{+0.033}$ mm		超差不得分	5		
14		$\phi 28_{0}^{+0.033}$ mm		超差不得分	5		
15	槽	5 mm × 1.5 mm		超差不得分	4		
16	普通外螺纹	M24 × 2—6g		不合格不得分	6		
17	倒角	*C*1 mm（3 处）		超差不得分	3 × 1		
18		*C*2 mm（2 处）		超差不得分	2 × 1		
19	几何公差	◎ | ϕ0.03 | *A*		超差不得分	5		
20	表面粗糙度	*Ra*1.6 μm（4 处）		降级不得分	4 × 1		
21		*Ra*3.2 μm（8 处）		降级不得分	8 × 1		
22	安全文明生产	严格遵守安全文明生产要求		违反一次扣 1 分，扣完为止	5		

八、中级工职业技能鉴定考核应会试题 8

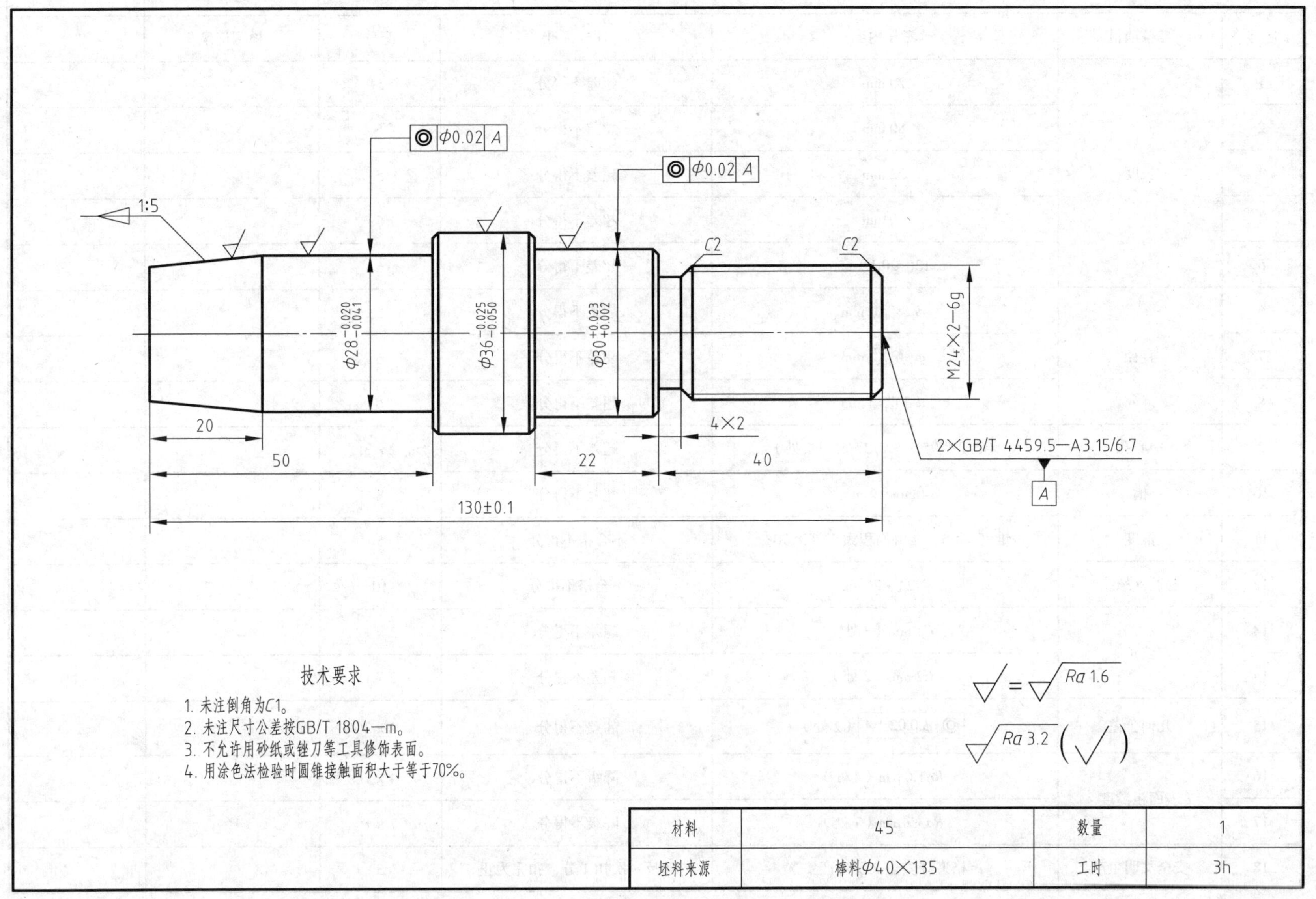

技术要求

1. 未注倒角为C1。
2. 未注尺寸公差按GB/T 1804—m。
3. 不允许用砂纸或锉刀等工具修饰表面。
4. 用涂色法检验时圆锥接触面积大于等于70%。

材料	45	数量	1
坯料来源	棒料Φ40×135	工时	3h

评分表		考件名称	中级工应会试题 8	检测编号		总分	
序号	考核项目	考核内容		评分标准	配分	检测记录	得分
1	长度	20 mm		超差不得分	5		
2		50 mm		超差不得分	5		
3		22 mm		超差不得分	5		
4		40 mm		超差不得分	5		
5		（130 ± 0.1）mm		超差不得分	6		
6	直径	$\phi 28_{-0.041}^{-0.020}$ mm		超差不得分	6		
7		$\phi 36_{-0.050}^{-0.025}$ mm		超差不得分	6		
8		$\phi 30_{+0.002}^{+0.023}$ mm		超差不得分	6		
9	中心孔	GB/T 4495.5—A3.15/6.7（2 处）		超差不得分	2 × 3		
10	槽	4 mm × 2 mm		超差不得分	8		
11	锥度	锥度 1：5，接触面积大于等于 70%		不合格不得分	5		
12	普通外螺纹	M24 × 2—6g		不合格不得分	10		
13	倒角	*C*1 mm（3 处）		超差不得分	3 × 1		
14		*C*2 mm（2 处）		超差不得分	2 × 1		
15	几何公差	◎ ϕ0.02 *A*（2 处）		超差不得分	2 × 3		
16	表面粗糙度	*Ra*1.6 μm（4 处）		降级不得分	4 × 1		
17		*Ra*3.2 μm（7 处）		降级不得分	7 × 1		
18	安全文明生产	严格遵守安全文明生产要求		违反一次扣 1 分，扣完为止	5		

九、中级工职业技能鉴定考核应会试题 9

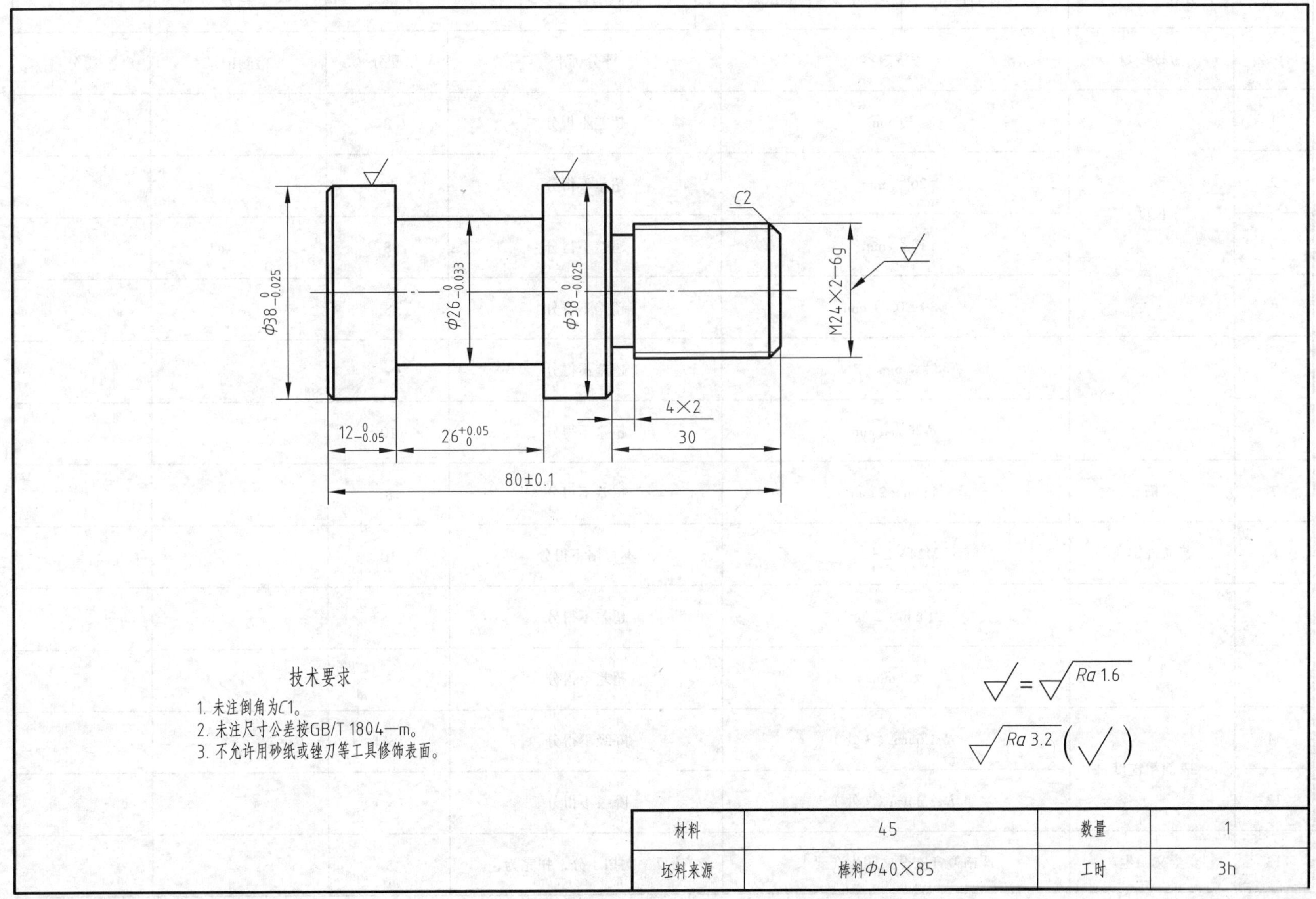

材料	45	数量	1
坯料来源	棒料φ40×85	工时	3h

评分表		考件名称	中级工应会试题 9	检测编号		总分	
序号	考核项目	考核内容		评分标准	配分	检测记录	得分
1	长度	30 mm		超差不得分	8		
2		$26^{+0.05}_{0}$ mm		超差不得分	12		
3		$12^{0}_{-0.05}$ mm		超差不得分	8		
4		（80 ± 0.1）mm		超差不得分	8		
5	直径	$\phi 38^{0}_{-0.025}$ mm（2 处）		超差不得分	2 × 7		
6		$\phi 26^{0}_{-0.033}$ mm		超差不得分	10		
7	槽	4 mm × 2 mm		超差不得分	8		
8	普通外螺纹	M24 × 2—6g		不合格不得分	10		
9	倒角	*C*1 mm（2 处）		超差不得分	2 × 2		
10		*C*2 mm		超差不得分	3		
11	表面粗糙度	*Ra*1.6 μm（3 处）		降级不得分	3 × 1		
12		*Ra*3.2 μm（7 处）		降级不得分	7 × 1		
13	安全文明生产	严格遵守安全文明生产要求		违反一次扣 1 分，扣完为止	5		

十、中级工职业技能鉴定考核应会试题 10

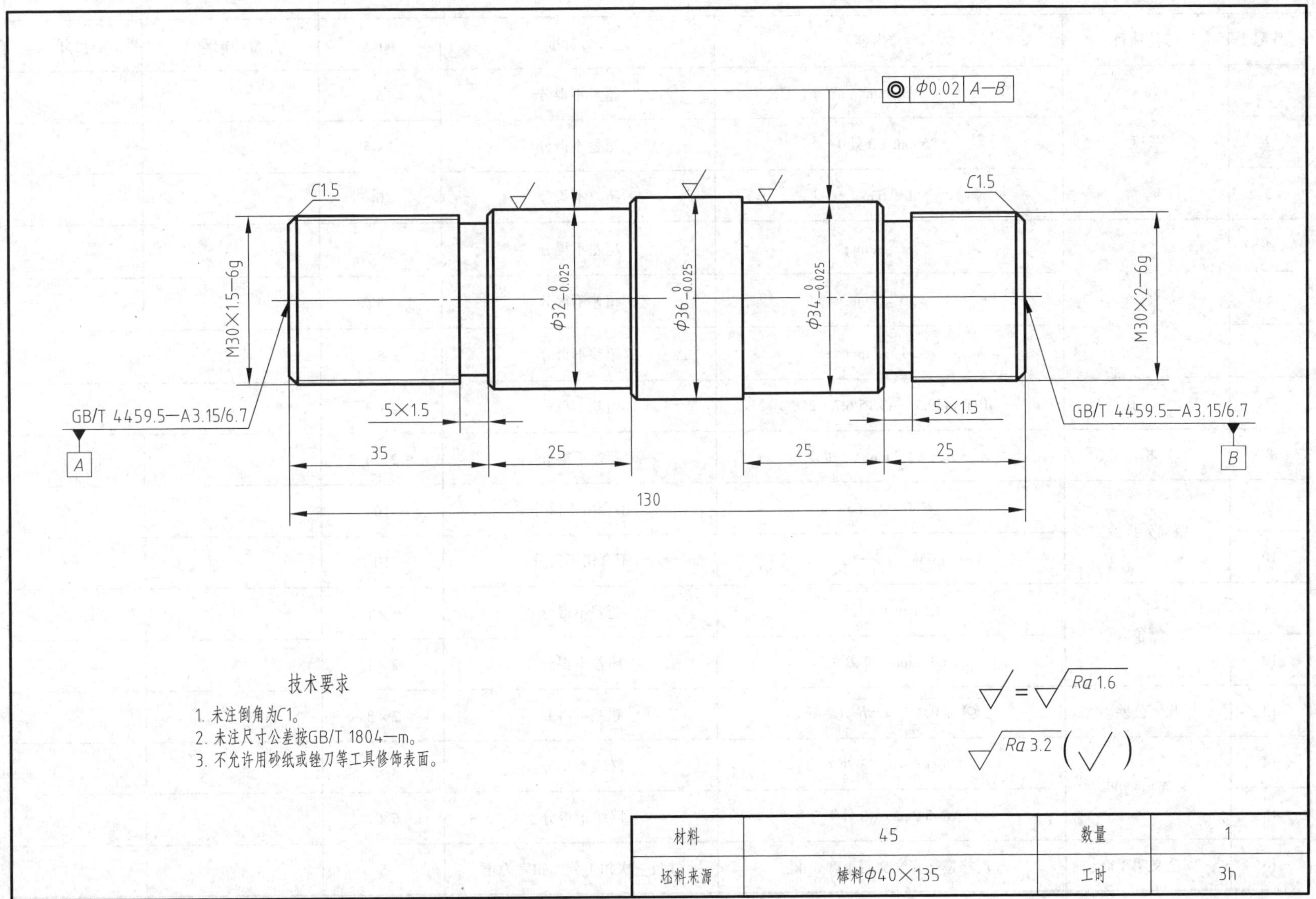

材料	45	数量	1
坯料来源	棒料ϕ40×135	工时	3h

评分表		考件名称	中级工应会试题 10	检测编号		总分	
序号	考核项目	考核内容		评分标准	配分	检测记录	得分
1	长度	35 mm		超差不得分	5		
2		25 mm（3 处）		超差不得分	3 × 5		
3		130 mm		超差不得分	6		
4	直径	$\phi 32_{-0.025}^{0}$ mm		超差不得分	5		
5		$\phi 36_{-0.025}^{0}$ mm		超差不得分	5		
6		$\phi 34_{-0.025}^{0}$ mm		超差不得分	5		
7	中心孔	GB/T 4459.5—A3.15/6.7（2 处）		超差不得分	2 × 3		
8	槽	5 mm × 1.5 mm（2 处）		超差不得分	2 × 4		
9	普通外螺纹	M30 × 2—6g		不合格不得分	10		
10		M30 × 1.5—6g		不合格不得分	10		
11	倒角	*C*1 mm（3 处）		超差不得分	3 × 1		
12		*C*1.5 mm（2 处）		超差不得分	2 × 1		
13	几何公差	◎ | ϕ 0.02 | *A*—*B*（2 处）		超差不得分	2 × 3		
14	表面粗糙度	*Ra*1.6 μm（3 处）		降级不得分	3 × 1		
15		*Ra*3.2 μm（6 处）		降级不得分	6 × 1		
16	安全文明生产	严格遵守安全文明生产要求		违反一次扣 1 分，扣完为止	5		

十一、中级工职业技能鉴定考核应会试题 11

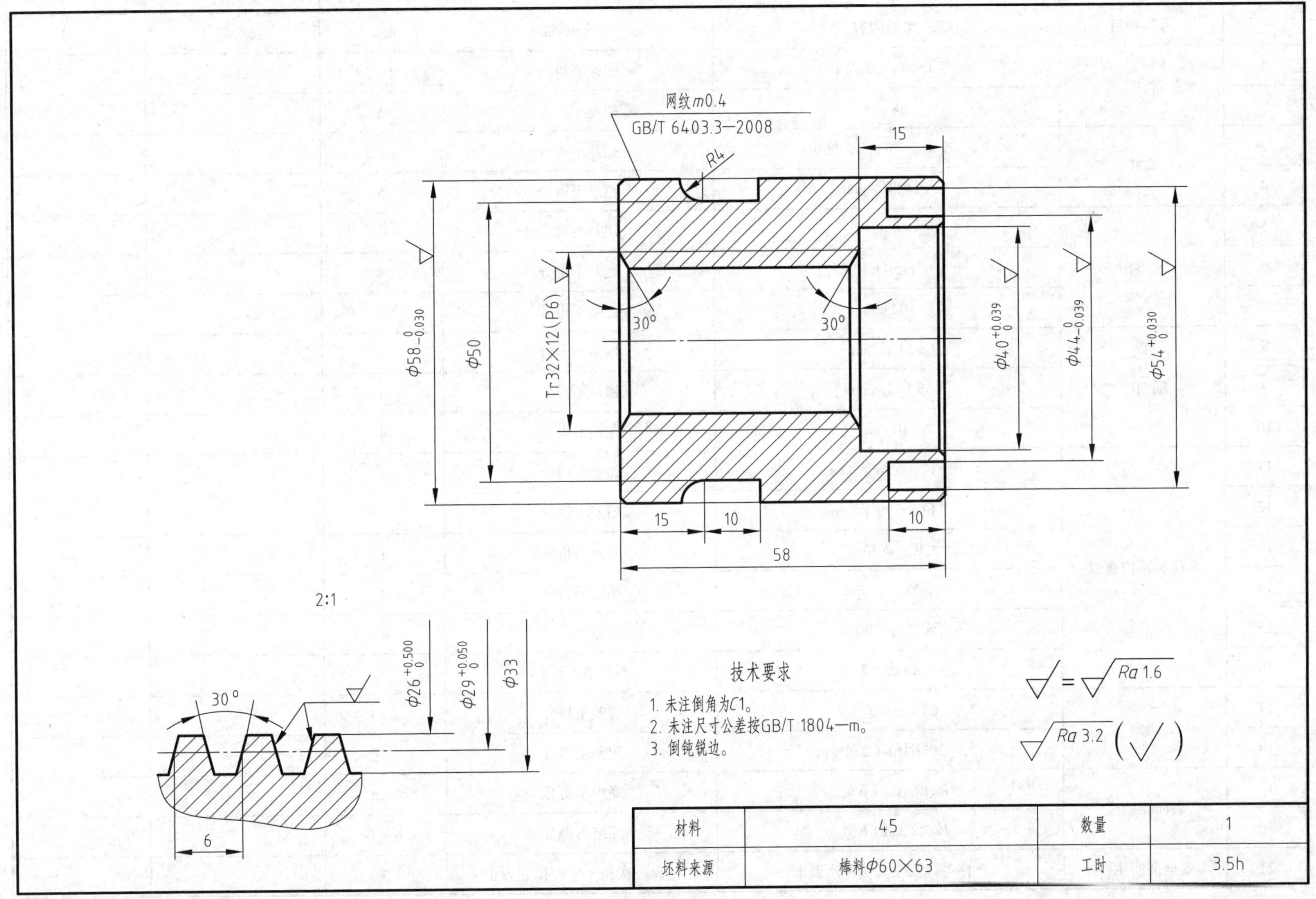

材料	45	数量	1
坯料来源	棒料φ60×63	工时	3.5h

评分表		考件名称	中级工应会试题 11	检测编号		总分	
序号	考核项目	考核内容		评分标准	配分	检测记录	得分
1	长度	15 mm（2 处）		超差不得分	2×5		
2		58 mm		超差不得分	5		
3	直径	$\phi 58_{-0.030}^{0}$ mm（2 处）		超差不得分	2×5		
4		$\phi 40_{0}^{+0.039}$ mm		超差不得分	5		
5	异形槽	10 mm		超差不得分	4		
6		ϕ 50 mm		超差不得分	4		
7		R4 mm		超差不得分	4		
8	端面槽	$\phi 54_{0}^{+0.030}$ mm		超差不得分	4		
9		$\phi 44_{-0.039}^{0}$ mm		超差不得分	4		
10		10 mm		超差不得分	4		
11	多线梯形内螺纹	小径：$\phi 26_{0}^{+0.500}$ mm		超差不得分	4		
12		中径：$\phi 29_{0}^{+0.050}$ mm		超差不得分	4		
13		大径：ϕ 33 mm		超差不得分	4		
14		导程：12 mm		超差不得分	4		
15		牙型角：30°		超差不得分	4		
16		线数：2		不合格不得分	2		
17	倒角	C1 mm（3 处）		超差不得分	3×1		
18		30° 倒角（2 处）		超差不得分	2×2		
19	表面粗糙度	Ra1.6 μm（6 处）		降级不得分	6×1		
20		Ra3.2 μm（6 处）		降级不得分	6×1		
21	安全文明生产	严格遵守安全文明生产要求		违反一次扣 1 分，扣完为止	5		

十二、中级工职业技能鉴定考核应会试题 12

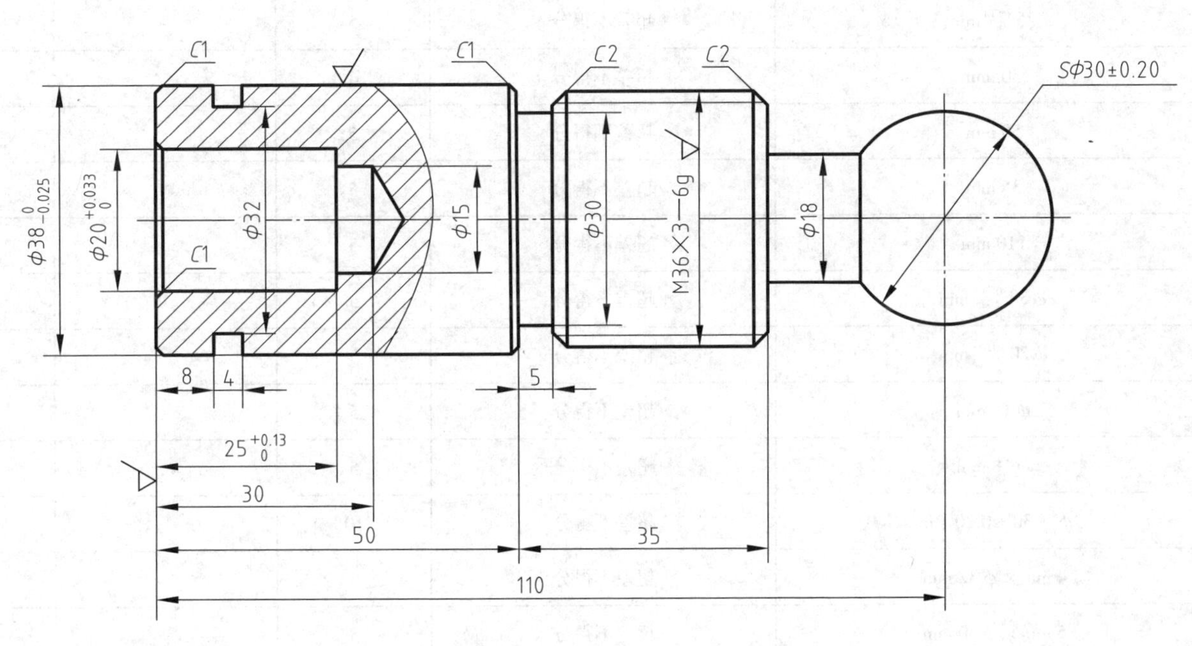

技术要求

1. 未注尺寸公差按GB/T 1804—m。
2. 倒钝锐边。
3. 不允许用砂纸或锉刀等工具修饰表面。

材料	45	数量	1
坯料来源	棒料Φ40×130	工时	4h

评分表		考件名称	中级工应会试题 12	检测编号		总分	
序号	考核项目	考核内容		评分标准	配分	检测记录	得分
1	长度	8 mm		超差不得分	4		
2		$25^{+0.13}_{0}$ mm		超差不得分	5		
3		30 mm		超差不得分	4		
4		50 mm		超差不得分	5		
5		35 mm		超差不得分	5		
6		110 mm		超差不得分	5		
7	直径	$\phi 38^{0}_{-0.025}$ mm		超差不得分	5		
8		$\phi 20^{+0.033}_{0}$ mm		超差不得分	5		
9		ϕ 15 mm		超差不得分	5		
10		ϕ 18 mm		超差不得分	5		
11	圆弧面	$S\phi$（30 ± 0.20）mm		超差不得分	10		
12	槽	4 mm × ϕ 32 mm		超差不得分	5		
13		5 mm × ϕ 30 mm		超差不得分	5		
14	普通外螺纹	M36 × 3—6g		不合格不得分	12		
15	倒角	$C1$ mm（3 处）		超差不得分	3 × 1		
16		$C2$ mm（2 处）		超差不得分	2 × 1		
17	表面粗糙度	$Ra1.6$ μm（4 处）		降级不得分	4 × 1		
18		$Ra3.2$ μm（6 处）		降级不得分	6 × 1		
19	安全文明生产	严格遵守安全文明生产要求		违反一次扣 1 分，扣完为止	5		

十三、中级工职业技能鉴定考核应会试题 13

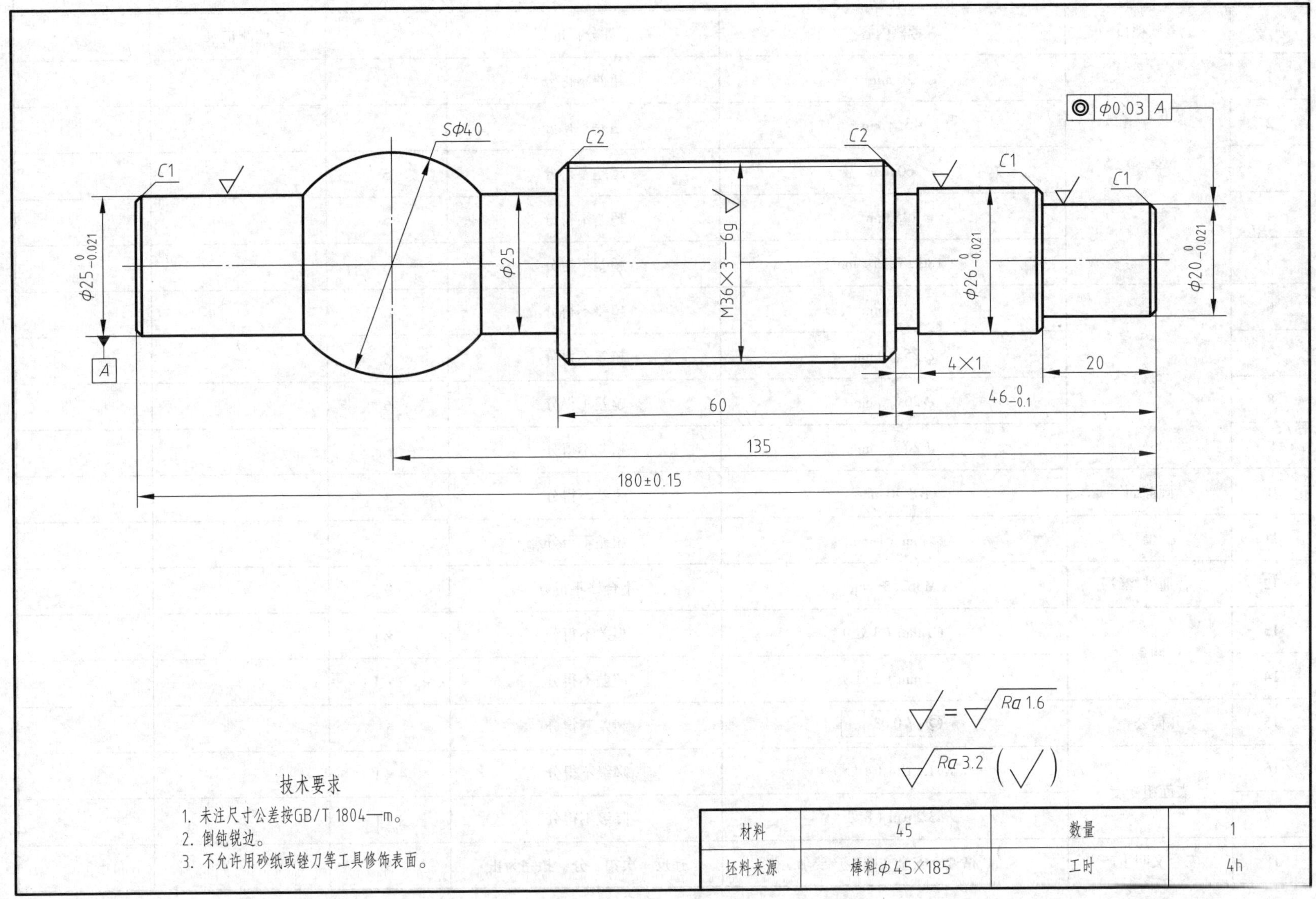

技术要求

1. 未注尺寸公差按GB/T 1804—m。
2. 倒钝锐边。
3. 不允许用砂纸或锉刀等工具修饰表面。

材料	45	数量	1
坯料来源	棒料φ45×185	工时	4h

评分表	考件名称		中级工应会试题 13	检测编号		总分	
序号	考核项目	考核内容		评分标准	配分	检测记录	得分
1	长度	20 mm		超差不得分	5		
2		$46_{-0.1}^{0}$ mm		超差不得分	6		
3		60 mm		超差不得分	5		
4		135 mm		超差不得分	5		
5		（180 ± 0.15）mm		超差不得分	6		
6	直径	ϕ25 mm		超差不得分	6		
7		$\phi 25_{-0.021}^{0}$ mm		超差不得分	6		
8		$\phi 26_{-0.021}^{0}$ mm		超差不得分	6		
9		$\phi 20_{-0.021}^{0}$ mm		超差不得分	6		
10	圆球面	$S\phi$40 mm		超差不得分	8		
11	槽	4 mm × 1 mm		超差不得分	6		
12	普通外螺纹	M36 × 3—6g		不合格不得分	8		
13	倒角	C1 mm（3 处）		超差不得分	3 × 1		
14		C2 mm（2 处）		超差不得分	2 × 1		
15	几何公差	◎ | ϕ0.03 | A		超差不得分	5		
16	表面粗糙度	Ra1.6 μm（4 处）		降级不得分	4 × 1		
17		Ra3.2 μm（8 处）		降级不得分	8 × 1		
18	安全文明生产	严格遵守安全文明生产要求		违反一次扣 1 分，扣完为止	5		

十四、中级工职业技能鉴定考核应会试题 14

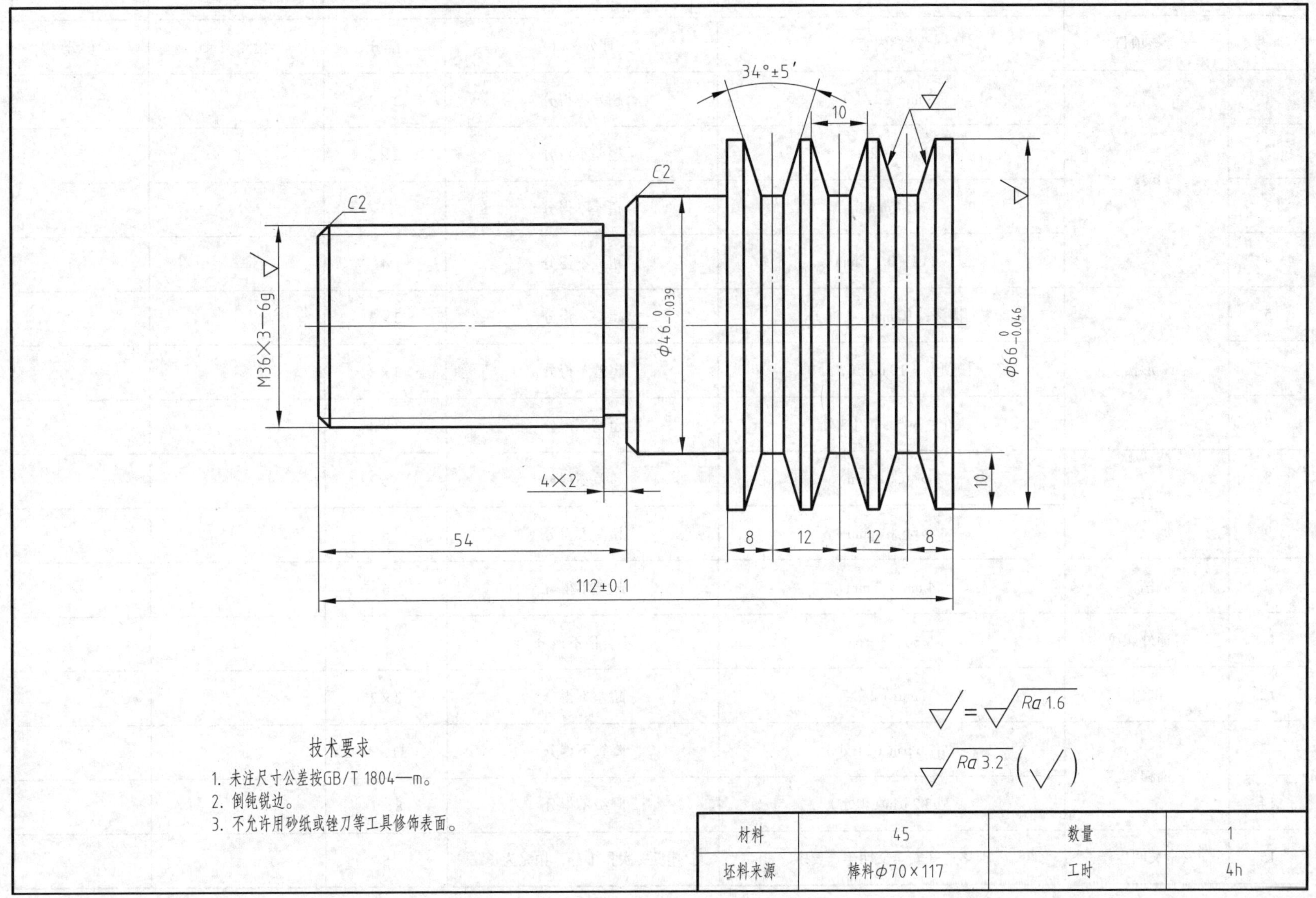

技术要求

1. 未注尺寸公差按GB/T 1804—m。
2. 倒钝锐边。
3. 不允许用砂纸或锉刀等工具修饰表面。

材料	45	数量	1
坯料来源	棒料Φ70×117	工时	4h

评分表		考件名称	中级工应会试题 14	检测编号		总分	
序号	考核项目	考核内容		评分标准	配分	检测记录	得分
1	长度	8 mm（2 处）		超差不得分	2 × 3		
2		12 mm（2 处）		超差不得分	2 × 3		
3		54 mm		超差不得分	3		
4		（112 ± 0.1）mm		超差不得分	4		
5	V 形槽	槽深：10 mm（3 处）		超差不得分	3 × 3		
6		槽顶宽：10 mm（3 处）		超差不得分	3 × 3		
7		夹角：34° ± 5′（3 处）		超差不得分	3 × 3		
8	直径	$\phi 46_{-0.039}^{0}$ mm		超差不得分	6		
9		$\phi 66_{-0.046}^{0}$ mm		超差不得分	6		
10	槽	4 mm × 2 mm		超差不得分	6		
11	普通外螺纹	M36 × 3—6g		不合格不得分	8		
12	倒角	*C*2 mm（2 处）		超差不得分	2 × 2		
13	表面粗糙度	*Ra*1.6 μm（11 处）		降级不得分	11 × 1		
14		*Ra*3.2 μm（8 处）		降级不得分	8 × 1		
15	安全文明生产	严格遵守安全文明生产要求		违反一次扣 1 分，扣完为止	5		

十五、中级工职业技能鉴定考核应会试题 15

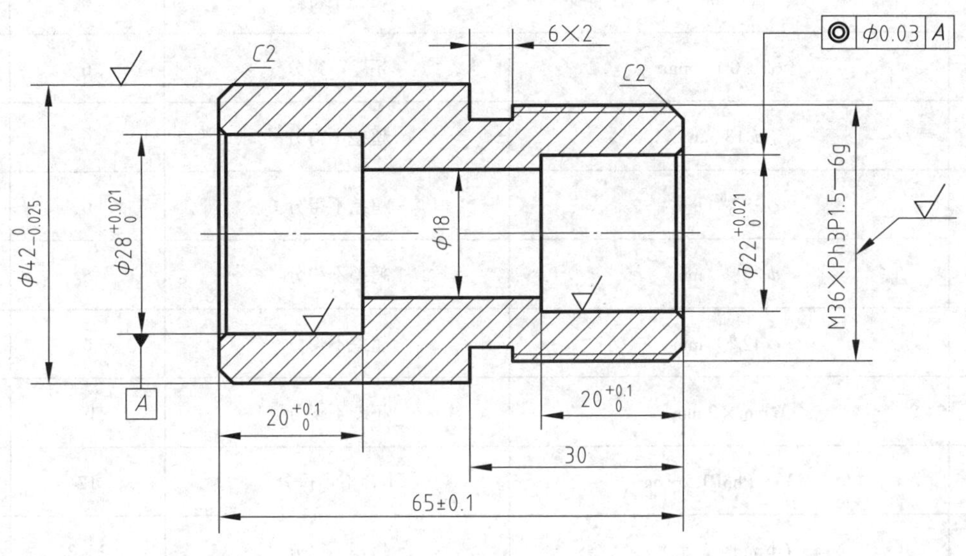

$\sqrt{}$ = $\sqrt{Ra\ 1.6}$

$\sqrt{Ra\ 3.2}$ ($\sqrt{}$)

技术要求

1. 未注倒角为C1。
2. 未注尺寸公差按GB/T 1804—m。
3. 不允许用砂纸或锉刀等工具修饰表面。

材料	45	数量	1
坯料来源	棒料Φ45×70	工时	3h

评分表		考件名称	中级工应会试题 15	检测编号		总分	
序号	考核项目	考核内容		评分标准	配分	检测记录	得分
1	长度	$20^{+0.1}_{0}$ mm（2 处）		超差不得分	2×6		
2		30 mm		超差不得分	6		
3		（65 ± 0.1）mm		超差不得分	6		
4	直径	$\phi 18$ mm		超差不得分	6		
5		$\phi 28^{+0.021}_{0}$ mm		超差不得分	6		
6		$\phi 22^{+0.021}_{0}$ mm		超差不得分	6		
7		$\phi 42^{0}_{-0.025}$ mm		超差不得分	6		
8	槽	6 mm × 2 mm		超差不得分	10		
9	多线普通外螺纹	M36 × Ph3P1.5—6g		不合格不得分	12		
10	倒角	$C1$ mm（2 处）		超差不得分	2×2		
11		$C2$ mm（2 处）		超差不得分	2×2		
12	几何公差	◎ | $\phi 0.03$ | A		超差不得分	6		
13	表面粗糙度	$Ra1.6$ μm（4 处）		降级不得分	4×1		
14		$Ra3.2$ μm（7 处）		降级不得分	7×1		
15	安全文明生产	严格遵守安全文明生产要求		违反一次扣 1 分，扣完为止	5		

十六、高级工职业技能鉴定考核应会试题 1

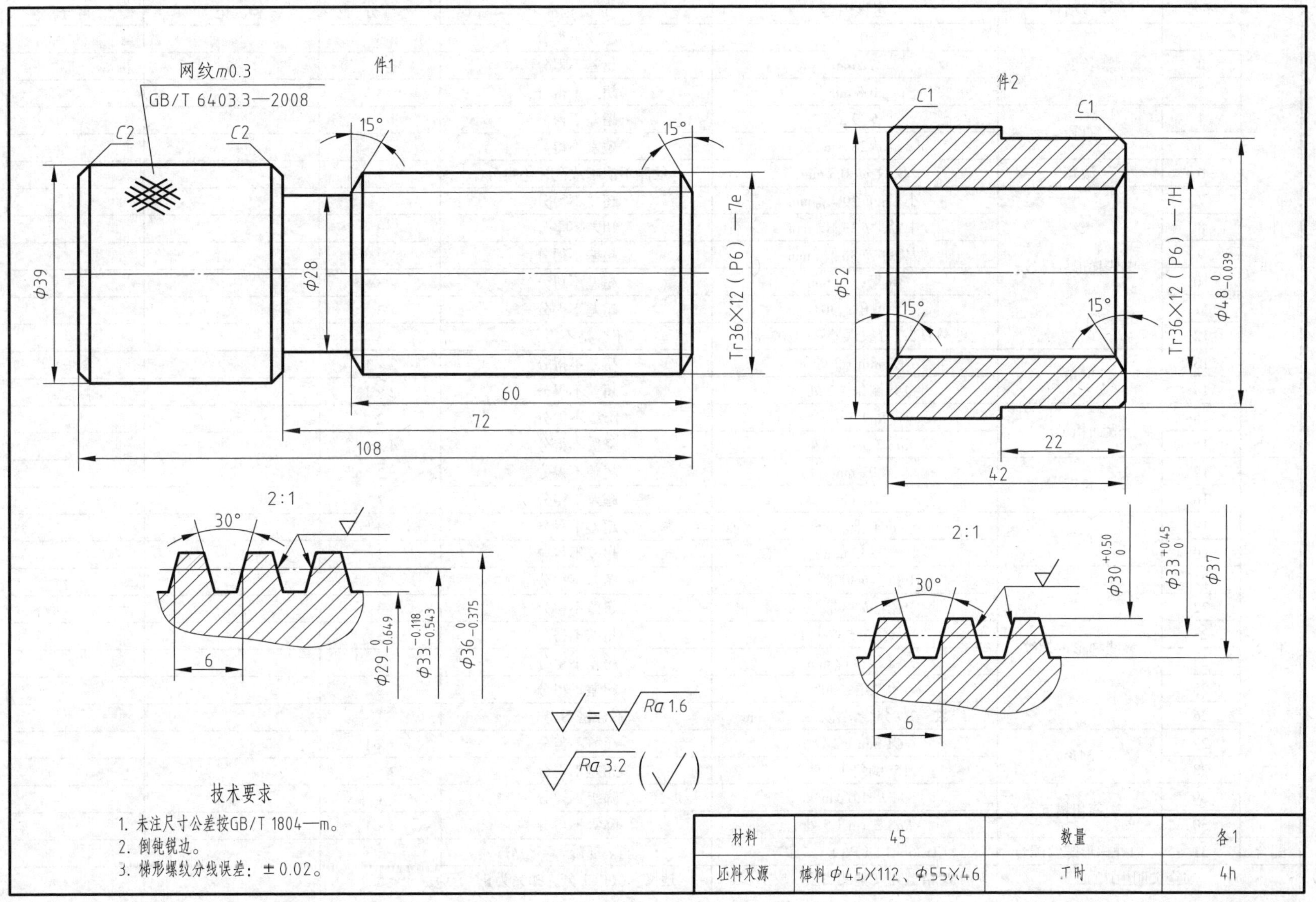

材料	45	数量	各1
坯料来源	棒料 φ45×112、φ55×46	工时	4h

<table>
<tr><td colspan="3">评分表</td><td>考件名称</td><td>高级工应会试题 1</td><td>检测编号</td><td></td><td>总分</td><td></td></tr>
<tr><td></td><td>序号</td><td>考核项目</td><td colspan="2">考核内容</td><td>评分标准</td><td>配分</td><td>检测记录</td><td>得分</td></tr>
<tr><td rowspan="16">件 1</td><td>1</td><td rowspan="3">长度</td><td colspan="2">60 mm</td><td>超差不得分</td><td>3</td><td></td><td></td></tr>
<tr><td>2</td><td colspan="2">72 mm</td><td>超差不得分</td><td>3</td><td></td><td></td></tr>
<tr><td>3</td><td colspan="2">108 mm</td><td>超差不得分</td><td>3</td><td></td><td></td></tr>
<tr><td>4</td><td rowspan="2">直径</td><td colspan="2">ϕ39 mm</td><td>超差不得分</td><td>3</td><td></td><td></td></tr>
<tr><td>5</td><td colspan="2">ϕ28 mm</td><td>超差不得分</td><td>3</td><td></td><td></td></tr>
<tr><td>6</td><td>滚花</td><td colspan="2">网纹 m=0.3 mm</td><td>纹路不清晰或乱牙不得分</td><td>7</td><td></td><td></td></tr>
<tr><td>7</td><td rowspan="6">多线梯形外螺纹</td><td colspan="2">小径：$\phi 29_{-0.649}^{\ 0}$ mm</td><td>超差不得分</td><td>3</td><td></td><td></td></tr>
<tr><td>8</td><td colspan="2">中径：$\phi 33_{-0.543}^{-0.118}$ mm</td><td>超差不得分</td><td>3</td><td></td><td></td></tr>
<tr><td>9</td><td colspan="2">大径：$\phi 36_{-0.375}^{\ 0}$ mm</td><td>超差不得分</td><td>3</td><td></td><td></td></tr>
<tr><td>10</td><td colspan="2">导程：12 mm</td><td>超差不得分</td><td>3</td><td></td><td></td></tr>
<tr><td>11</td><td colspan="2">牙型角：30°</td><td>超差不得分</td><td>3</td><td></td><td></td></tr>
<tr><td>12</td><td colspan="2">线数：2，分线误差：± 0.02 mm</td><td>不合格不得分</td><td>3</td><td></td><td></td></tr>
<tr><td>13</td><td rowspan="2">倒角</td><td colspan="2">C2 mm（2 处）</td><td>超差不得分</td><td>2 × 1</td><td></td><td></td></tr>
<tr><td>14</td><td colspan="2">15° 倒角（2 处）</td><td>超差不得分</td><td>2 × 1</td><td></td><td></td></tr>
<tr><td>15</td><td rowspan="2">表面粗糙度</td><td colspan="2">Ra1.6 μm</td><td>降级不得分</td><td>2</td><td></td><td></td></tr>
<tr><td>16</td><td colspan="2">Ra3.2 μm（4 处）</td><td>降级不得分</td><td>4 × 1</td><td></td><td></td></tr>
<tr><td rowspan="14">件 2</td><td>17</td><td rowspan="2">长度</td><td colspan="2">22 mm</td><td>超差不得分</td><td>3</td><td></td><td></td></tr>
<tr><td>18</td><td colspan="2">42 mm</td><td>超差不得分</td><td>3</td><td></td><td></td></tr>
<tr><td>19</td><td rowspan="2">直径</td><td colspan="2">$\phi 48_{-0.039}^{\ 0}$ mm</td><td>超差不得分</td><td>3</td><td></td><td></td></tr>
<tr><td>20</td><td colspan="2">ϕ52 mm</td><td>超差不得分</td><td>3</td><td></td><td></td></tr>
<tr><td>21</td><td rowspan="6">多线梯形内螺纹</td><td colspan="2">小径：$\phi 30_{\ 0}^{+0.50}$ mm</td><td>超差不得分</td><td>3</td><td></td><td></td></tr>
<tr><td>22</td><td colspan="2">中径：$\phi 33_{\ 0}^{+0.45}$ mm</td><td>超差不得分</td><td>3</td><td></td><td></td></tr>
<tr><td>23</td><td colspan="2">大径：ϕ37 mm</td><td>超差不得分</td><td>3</td><td></td><td></td></tr>
<tr><td>24</td><td colspan="2">导程：12 mm</td><td>超差不得分</td><td>3</td><td></td><td></td></tr>
<tr><td>25</td><td colspan="2">牙型角：30°</td><td>超差不得分</td><td>3</td><td></td><td></td></tr>
<tr><td>26</td><td colspan="2">线数：2，分线误差：± 0.02 mm</td><td>不合格不得分</td><td>3</td><td></td><td></td></tr>
<tr><td>27</td><td rowspan="2">倒角</td><td colspan="2">C1 mm（2 处）</td><td>超差不得分</td><td>2 × 1</td><td></td><td></td></tr>
<tr><td>28</td><td colspan="2">15° 倒角（2 处）</td><td>超差不得分</td><td>2 × 1</td><td></td><td></td></tr>
<tr><td>29</td><td rowspan="2">表面粗糙度</td><td colspan="2">Ra1.6 μm</td><td>降级不得分</td><td>1</td><td></td><td></td></tr>
<tr><td>30</td><td colspan="2">Ra3.2 μm（5 处）</td><td>降级不得分</td><td>5 × 1</td><td></td><td></td></tr>
<tr><td>配合</td><td>31</td><td>内外梯形螺纹配合</td><td colspan="2">Tr36 × 12（P6）—7H/7e</td><td>不能全部旋入不得分</td><td>5</td><td></td><td></td></tr>
<tr><td colspan="3">安全文明生产</td><td colspan="2">严格遵守安全文明生产要求</td><td>违反一次扣 1 分，扣完为止</td><td>5</td><td></td><td></td></tr>
</table>

十七、高级工职业技能鉴定考核应会试题 2

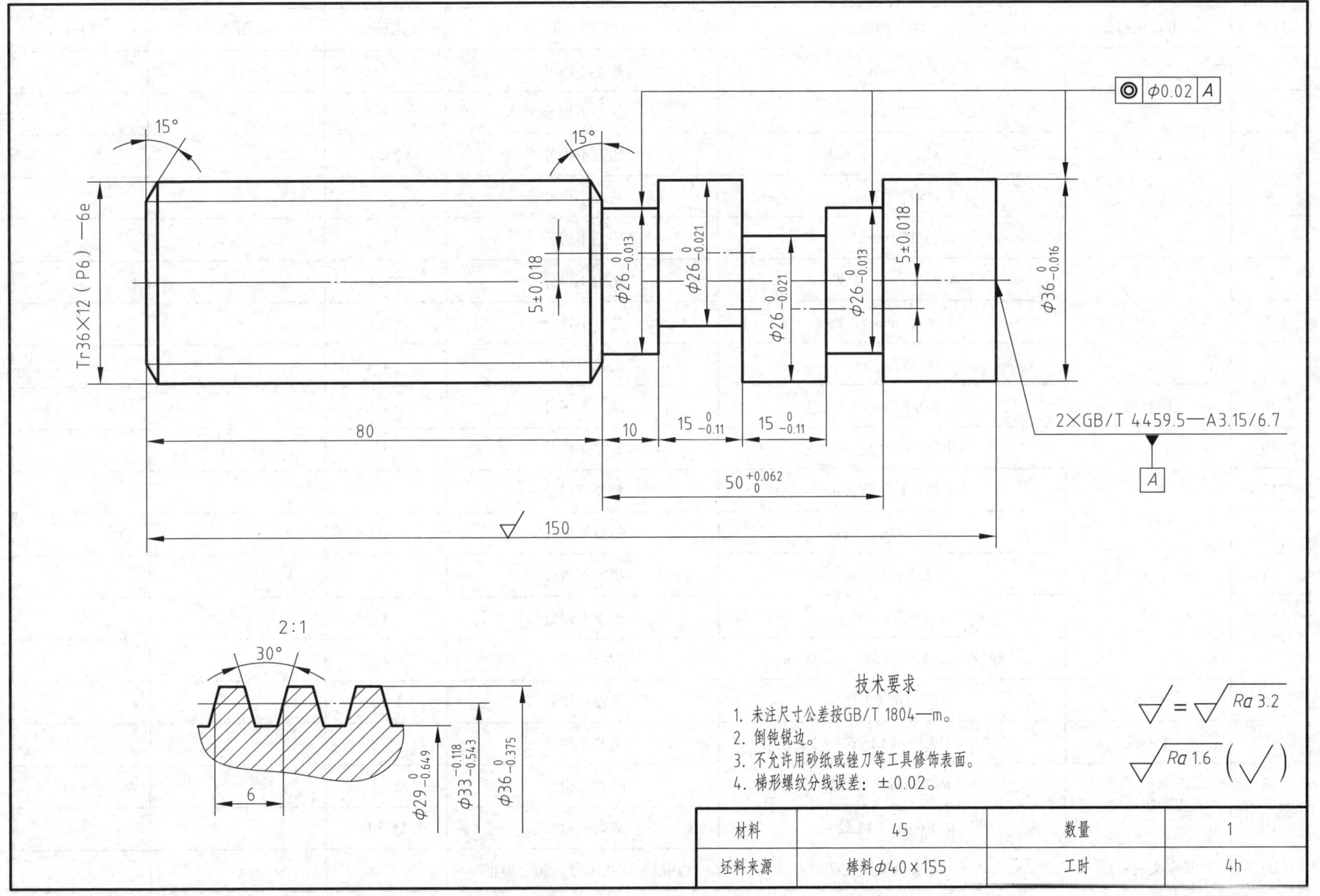

评分表		考件名称	高级工应会试题 2	检测编号		总分	
序号	考核项目	考核内容		评分标准	配分	检测记录	得分
1	长度	80 mm		超差不得分	3		
2		10 mm		超差不得分	3		
3		$15_{-0.11}^{0}$ mm（2 处）		超差不得分	2×4		
4		$50_{0}^{+0.062}$ mm		超差不得分	4		
5		150 mm		超差不得分	4		
6	直径	$\phi 26_{-0.013}^{0}$ mm（2 处）		超差不得分	2×4		
7		$\phi 26_{-0.021}^{0}$ mm（2 处）		超差不得分	2×4		
8		$\phi 36_{-0.016}^{0}$ mm		超差不得分	4		
9	偏心距	（5±0.018）mm（2 处）		超差不得分	2×4		
10	梯形外螺纹	小径：$\phi 29_{-0.649}^{0}$ mm		超差不得分	4		
11		中径：$\phi 33_{-0.543}^{-0.118}$ mm		超差不得分	4		
12		大径：$\phi 36_{-0.375}^{0}$ mm		超差不得分	4		
13		导程：12 mm		超差不得分	4		
14		牙型角：30°		超差不得分	4		
15		线数：2，分线误差：±0.02 mm		不合格不得分	4		
16	倒角	15° 倒角（2 处）		超差不得分	2×1		
17	中心孔	GB/T 4459.5—A3.15/6.7（2 处）		超差不得分	2×1		
18	表面粗糙度	*Ra*3.2 μm（2 处）		降级不得分	2×1		
19		*Ra*1.6 μm（15 处）		降级不得分	15×1		
20	安全文明生产	严格遵守安全文明生产要求		违反一次扣 1 分，扣完为止	5		

十八、高级工职业技能鉴定考核应会试题 3

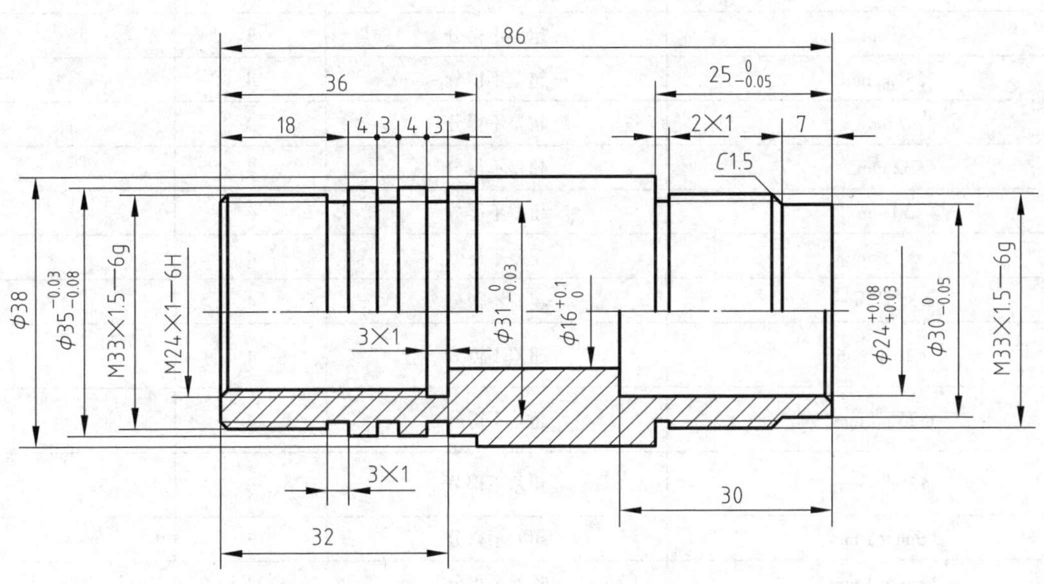

技术要求

1. 未注倒角为C1。
2. 未注尺寸公差按GB/T 1804—m。
3. 不允许用砂纸或锉刀等工具修饰表面。

Ra 3.2

材料	45	数量	1
坯料来源	棒料φ40×90	工时	4h

评分表		考件名称	高级工应会试题 3	检测编号		总分	
序号	考核项目	考核内容		评分标准	配分	检测记录	得分
1	长度	4 mm（2 处）		超差不得分	2×2		
2		18 mm		超差不得分	3		
3		36 mm		超差不得分	3		
4		86 mm		超差不得分	3		
5		$25_{-0.05}^{0}$ mm		超差不得分	4		
6		7 mm		超差不得分	3		
7		32 mm		超差不得分	3		
8		30 mm		超差不得分	3		
9	直径	ϕ38 mm		超差不得分	4		
10		$\phi 35_{-0.08}^{-0.03}$ mm		超差不得分	4		
11		$\phi 16_{0}^{+0.1}$ mm		超差不得分	4		
12		$\phi 24_{+0.03}^{+0.08}$ mm		超差不得分	4		
13		$\phi 30_{-0.05}^{0}$ mm		超差不得分	4		
14	外槽	3 mm × 1 mm		超差不得分	3		
15		2 mm × 1 mm		超差不得分	3		
16		3 mm × $\phi 31_{-0.03}^{0}$ mm（2 处）		超差不得分	2×3		
17	内槽	3 mm × 1 mm		超差不得分	3		
18	普通内螺纹	M24×1—6H		不合格不得分	5		
19	普通外螺纹	M33×1.5—6g（2 处）		不合格不得分	2×5		
20	倒角	*C*1 mm（3 处）		超差不得分	3×1		
21		*C*1.5 mm		超差不得分	1		
22	表面粗糙度	*Ra*3.2 μm（15 处）		降级不得分	15×1		
23	安全文明生产	严格遵守安全文明生产要求		违反一次扣 1 分，扣完为止	5		

十九、高级工职业技能鉴定考核应会试题 4

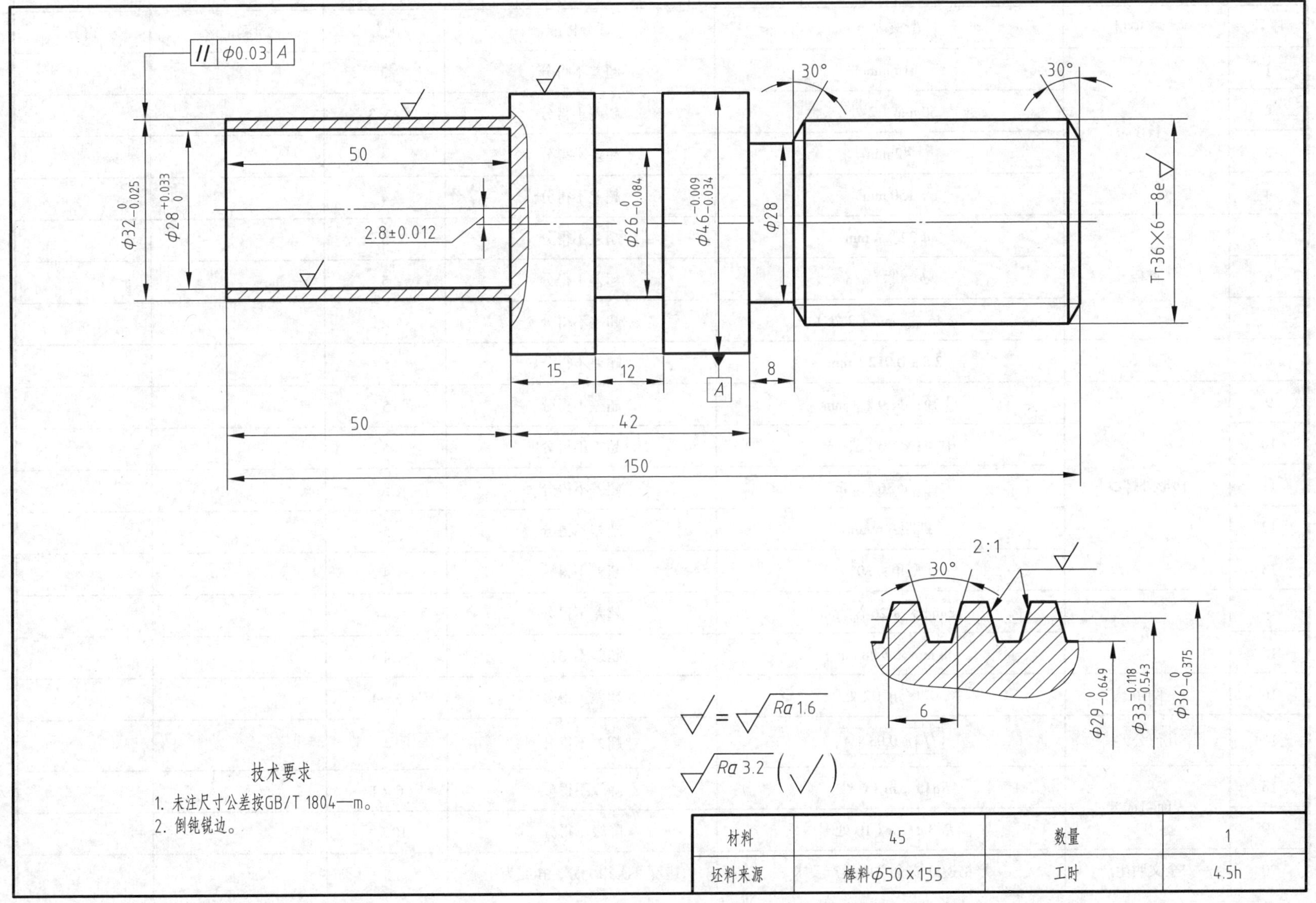

材料	45	数量	1
坯料来源	棒料φ50×155	工时	4.5h

评分表		考件名称	高级工应会试题 4	检测编号		总分	
序号	考核项目	考核内容		评分标准	配分	检测记录	得分
1	长度	15 mm		超差不得分	3		
2		50 mm（2 处）		超差不得分	2 × 3		
3		42 mm		超差不得分	3		
4		150 mm		超差不得分	4		
5	直径	$\phi 32_{-0.025}^{0}$ mm		超差不得分	5		
6		$\phi 28_{0}^{+0.033}$ mm		超差不得分	5		
7		$\phi 46_{-0.034}^{-0.009}$ mm（2 处）		超差不得分	2 × 5		
8	偏心距	（2.8 ± 0.012）mm		超差不得分	5		
9	梯形外螺纹	小径：$\phi 29_{-0.649}^{0}$ mm		超差不得分	5		
10		中径：$\phi 33_{-0.543}^{-0.118}$ mm		超差不得分	5		
11		大径：$\phi 36_{-0.375}^{0}$ mm		超差不得分	5		
12		螺距：6 mm		超差不得分	5		
13		牙型角：30°		超差不得分	4		
14	槽	12 mm × $\phi 26_{-0.084}^{0}$ mm		超差不得分	4		
15		8 mm × ϕ 28 mm		超差不得分	4		
16	倒角	30° 倒角（2 处）		超差不得分	2 × 1		
17	几何公差	// | ϕ 0.03 | *A*		超差不得分	4		
18	表面粗糙度	*Ra*1.6 μm（6 处）		降级不得分	6 × 1		
19		*Ra*3.2 μm（10 处）		降级不得分	10 × 1		
20	安全文明生产	严格遵守安全文明生产要求		违反一次扣 1 分，扣完为止	5		

二十、高级工职业技能鉴定考核应会试题 5

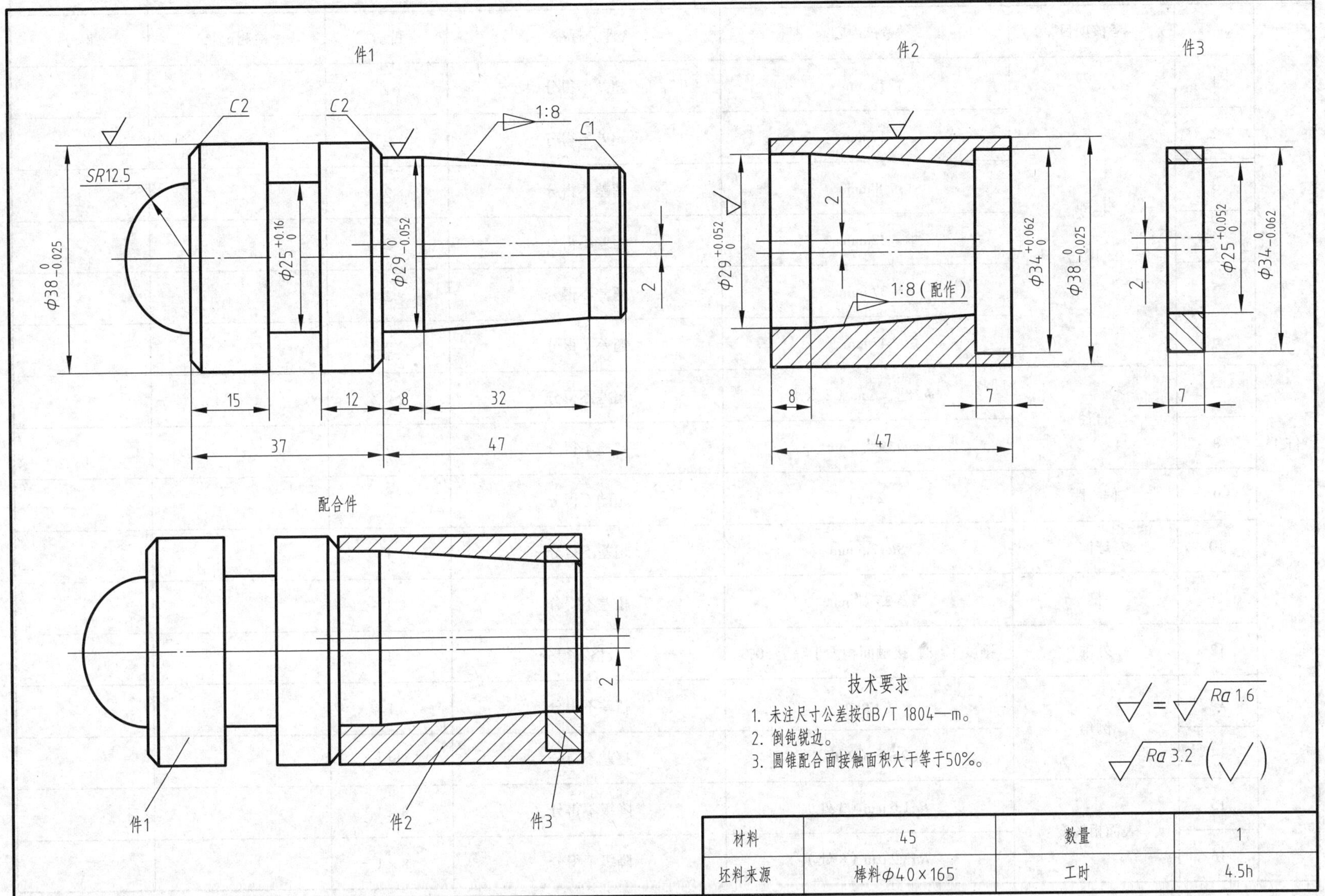

材料	45	数量	1
坯料来源	棒料Φ40×165	工时	4.5h

评分表			考件名称	高级工应会试题 5	检测编号		总分
	序号	考核项目	考核内容	评分标准	配分	检测记录	得分
件 1	1	长度	15 mm	超差不得分	2		
	2		12 mm	超差不得分	2		
	3		8 mm	超差不得分	2		
	4		32 mm	超差不得分	2		
	5		37 mm	超差不得分	2		
	6		47 mm	超差不得分	2		
	7	直径	$\phi 38_{-0.025}^{0}$ mm（2 处）	超差不得分	2 × 2		
	8		$\phi 29_{-0.052}^{0}$ mm	超差不得分	2		
	9	偏心距	2 mm	超差不得分	3		
	10	球体	$SR12.5$ mm	超差不得分	4		
	11	槽	$\phi 25_{0}^{+0.16}$ mm	超差不得分	3		
	12	外锥	锥度 1：8，接触面积大于等于 50%	不合格不得分	4		
	13	倒角	$C1$ mm	超差不得分	1		
	14		$C2$ mm（2 处）	超差不得分	2 × 1		
	15	表面粗糙度	$Ra1.6$ μm（3 处）	降级不得分	3 × 1		
	16		$Ra3.2$ μm（8 处）	降级不得分	8 × 1		

续表

评分表		考件名称	高级工应会试题 5	检测编号		总分	
	序号	考核项目	考核内容	评分标准	配分	检测记录	得分
件 2	17	长度	8 mm	超差不得分	2		
	18		7 mm	超差不得分	2		
	19		47 mm	超差不得分	2		
	20	直径	$\phi 38_{-0.025}^{0}$ mm	超差不得分	2		
	21		$\phi 29_{0}^{+0.052}$ mm	超差不得分	2		
	22		$\phi 34_{0}^{+0.062}$ mm	超差不得分	2		
	23	内锥	锥度 1∶8，接触面积大于等于 50%	不合格不得分	4		
	24	偏心距	2 mm	超差不得分	3		
	25	表面粗糙度	*Ra*1.6 μm（2 处）	降级不得分	2 × 1		
	26		*Ra*3.2 μm（5 处）	降级不得分	5 × 1		
件 3	27	长度	7 mm	超差不得分	2		
	28	直径	$\phi 34_{-0.062}^{0}$ mm	超差不得分	2		
	29		$\phi 25_{0}^{+0.052}$ mm	超差不得分	2		
	30	偏心距	2 mm	超差不得分	3		
	31	表面粗糙度	*Ra*3.2 μm（4 处）	降级不得分	4 × 1		
配合	32	内外锥配合	接触面积大于等于 50%	不合格不得分	5		
	33	三件配合	三件配合	无法配合不得分	5		
安全文明生产			严格遵守安全文明生产要求	违反一次扣 1 分，扣完为止	5		